植 | 物 | 造 | 景 | 丛 | 书

绿篱植物景观

周厚高　主编

江苏凤凰科学技术出版社

图书在版编目（CIP）数据

绿篱植物景观 ／ 周厚高主编 ．－－ 南京 ：江苏凤凰
科学技术出版社 ，2019.5
（植物造景丛书）
ISBN 978-7-5713-0234-4

Ⅰ．①绿… Ⅱ．①周… Ⅲ．①绿篱植物－景观设计
Ⅳ．① TU986.2

中国版本图书馆 CIP 数据核字 (2019) 第 059699 号

植物造景丛书——绿篱植物景观

主　　　　编	周厚高
项 目 策 划	凤凰空间／段建姣
责 任 编 辑	刘屹立　赵　研
特 约 编 辑	段建姣

出 版 发 行	江苏凤凰科学技术出版社
出版社地址	南京市湖南路1号A楼，邮编：210009
出版社网址	http：//www.pspress.cn
总 经 销	天津凤凰空间文化传媒有限公司
总经销网址	http：//www.ifengspace.cn
印　　　　刷	北京博海升彩色印刷有限公司

开　　　　本	710 mm×1000 mm　1／16
印　　　　张	12
字　　　　数	230000
版　　　　次	2019年5月第1版
印　　　　次	2019年5月第1次印刷

标 准 书 号	ISBN 978-7-5713-0234-4
定　　　　价	88.00元

图书如有印装质量问题，可随时向销售部调换（电话：022-87893668）。

前言 | Preface | ● ● ●

中国植物资源丰富，园林植物种类繁多，早有"世界园林之母"的美称。中国园林植物文化历史悠久，历朝历代均有经典著作，如西晋嵇含的《南方草木状》、唐朝王庆芳的《庭院草木疏》、宋朝陈景沂的《全芳备祖》、明朝王象晋的《群芳谱》、清朝汪灏的《广群芳谱》、民国黄氏的《花经》、近年陈俊愉等的《中国花经》等，这些著作系统而全面地记载了我国不同时期的园林植物概况。

改革开放后，我国园林植物种类不断增多，物种多样性越发丰富，有关园林植物的著作也很多，但大多数著作偏重于植物介绍，忽视了对植物造景功能的阐述。随着我国园林事业的快速发展，植物造景的技术和艺术得到了较大进步，学术界、产业界和教育界的学者及工程技术人员、园林设计师和相关专业师生对植物造景的知识需求十分迫切。因此，我们主编了这套"植物造景丛书"，旨在综合阐述园林植物种类知识和植物造景艺术，着重介绍中国现代主要园林植物景观特色及造景应用。

本丛书按照园林植物的特性和造景功能分为八个分册，内容包括水体植物景观、绿篱植物景观、花境植物景观、阴地植物景观、地被植物景观、行道植物景观、芳香植物景观、藤蔓植物景观。

本丛书图文并茂，采用大量精美的图片来展示植物的景观特征、造景功能和园林应用。植物造景的图片是近年在全国主要大中城市拍摄的实景照片，书中同时介绍了所收录植物品种的学名、形态特征、生物习性、繁殖要点、栽培养护要点，代表了我国植物造景艺术和技术的水平，具有十分重要的参考价值。

本丛书的编写得到了许多城市园林部门的大力支持，王文通、刘伟参与了前期编写，王斌、王旺青提供了部分图片，在此表示最诚挚的谢意！

编者

2018 年于广州

目录

Contents

第一章 绿篱植物概述

造景功能

绿篱有分隔空间、丰富景观、减轻噪声、净化空气、幽静环境等功能。现代园林中绿篱的应用广泛，处处可见，俯拾皆是。绿篱类型多样，植物种类繁多，本书主要介绍观花类绿篱、芳香类绿篱、棘刺类绿篱和观叶类绿篱四大类。

绿篱有分离空间、丰富景观、减轻噪声、净化空气、幽静环境等功能。我国运用"以篱代墙"的造景手法由来以久，战国时屈原在《招魂》中就有"兰薄户树，琼木篱些"的描述，其意是门前兰花种成丛，四周围着玉树篱。《诗经》中亦有"摘柳樊圃"的诗句，意思是折取柳枝做园圃的篱笆。现代园林中绿篱的应用更是处处可见，俯拾皆是。

绿篱的定义与范围

在园林绿化中，把植物密植成行，形成不同形式的树墙，即是绿篱。绿篱植物具有观赏性好、枝叶密集、萌发力强、耐修剪、易繁殖、抗性强等特点。绿篱植物的范围有广义和狭义之分，广义的绿篱植物包括成行栽植的小乔木、灌木、草本和覆盖建筑物立面的藤蔓植物；狭义的绿篱植物主要指其中的小乔木和灌木（包括藤状灌木）。现在园林绿化中通常讲的是狭义的绿篱景观植物。

绿篱的类型

绿篱的用途很多，主要有实用、生态及观赏三个方面。根据绿篱不同的作用及应用形式可以从多个方面将其分类。

依绿篱的外形分

- 自然式绿篱

一般不加修剪或只在冬季加以整理，观花、观果绿篱多属自然式绿篱。在自然式庭园中可任其自由生长，一些植物是直立生长的，另一些植物的枝条呈放射状生长，颇有天然野趣。

- 整齐式绿篱

规则栽植，需人工整理，并修剪成一定样式，如长方形，即顶部水平、上下同宽成一长方形墙体；波浪形，顶部修剪成连续高低起伏的圆滑曲线，两侧修剪平整；城垛形，隔一定距离有方形或圆柱形突起，远观似古城墙；尖顶形，即修剪成中间高、两侧倾斜的形状。绿篱形式变化很多，一般依据周围建筑物形状及整个园景布局而设计，需要较长时间的培育和修剪才能成形。

依绿篱的高矮分

- 高篱

1.6m以上的高大绿篱，主要用做屏障、防风及景观背景。

- 中篱

高度在0.5~1.6m之间，一般对视线无障碍。常用于建筑物周围及庭园边界，是常用的绿篱形式，部分公共庭园的围护、空间分隔及植物迷宫等常用中篱。

- 矮篱

高度在0.5m以下，主要用于景观边缘，可以轻易跨越。作象征性绿地空间分隔和环境绿化装饰，一般选择植株矮小、枝叶细小、生长缓慢、耐修剪的常绿植物。

依植物的观赏特性分

- 观叶绿篱

以观叶为主，是应用最多的一种绿篱形式。根据是否常绿又可分为常绿篱和落叶篱；根据叶色是否一致可分为绿叶篱和彩叶篱。

- 观花绿篱

又称花篱，以观花为主。花色鲜艳，花朵繁

多，大量的花朵同时开放，花期较长，一般不作修剪或稍作规则式修剪。

● 芳香绿篱

花开放时能散发浓香或淡淡幽香，有些芳香绿篱既可闻香，又可观花，还可观叶。

● 观果绿篱

又称果篱，由能结出许多具较高观赏价值果实的树种组成，不修剪或稍作修剪。

依组成绿篱的植物类型分

● 树篱

所有由小乔木和灌木构成的绿篱都称为树篱。

● 竹篱

由茎秆相对较短、分枝较密的竹类密集而成的绿篱，一般作自然式种植。

● 草花篱

由一年生或多年生草本植物构成的绿篱，大部分草花篱属于矮篱。

● 混合式绿篱

由两种或多种类型的植物混合栽植构建而成。

依绿篱的用途分

● 背景篱

做花坛、雕塑、喷泉等景物的背景，一般为中、高篱，修剪整齐。

● 风障篱

主要作防风或遮丑用，高篱居多，很少修剪。

● 刺篱

常用于庭园周围，防止动物或人进入，起栅栏的作用，修剪或不修剪。

● 边缘装饰篱

用于花坛周围、路边等，有观赏和区分景观空间等功能，最为常用。

绿篱的主要植物种类

根据狭义的绿篱植物概念，按植物种类及其观赏特性可分为五大类，分别是观花类、芳香类、棘刺类、观叶类和观果类。

观花类绿篱

这类植物具有美丽、鲜艳的花，而且花朵较大，或者许多小花聚集成花序，花或花序常常生于枝顶和上部枝条叶腋但能伸出叶面，并且叶片数相对稀疏，数量较少。由观花绿篱植物构建的植篱又称"花篱"，除了具有一般绿篱功能外，还具有较高的观花价值。园林中常用的有扶桑（*Hibiscus rosa-sinensis*）、木槿（*Hibiscus syriacus*）、棣棠（*Kerria japonica*）、杜鹃花（*Rhododendron simsii*）、夹竹桃（*Nerium oleander indicum*）、叶子花（*Bougainvillaea spectabilis*）、山茶（*Camellia japonica*）等。

芳香类绿篱

芳香类植物除了具有鲜艳的花朵和绿色的植株外，还能散发各种不同的芳香气味。这类植物不但能美化、绿化环境，还能清新空气，给人以舒适的享受。芳香植物是兼有观赏植物、药用植物和天然香料植物共有属性的植物类群。芳香植物除了含有多种药用成分和香气成分外，还含有抗氧化物质、抗菌物质等，有些芳香植物释放出来的气味能杀灭细菌、病毒，驱逐蚊、蝇、毒虫等。

大部分芳香类植物的气味来自花或叶，这类植物构建的绿篱具有多种功能，其最大的特点是能够散发香味，现在已有越来越多的园林工程师在寻找、开发这类植物。在绿篱造景中经常用到的芳香植物有栀子（*Gardenia jasminoides*）、含笑（*Michelia figo*）、桂花（*Osmanthus fragrans*）、翠蓝柏（*Sabina squamta* cv. Meyeri）等。

棘刺类绿篱

这类植物一般具有蜇人的刺，但外形美观，刺主要由叶或者枝条等变态而来。此类植物有些是灌木，有些是藤状灌木，园林上主要用做刺篱，通过一定的栽培配置方式发挥防护的主要功能，部分刺篱植物还具有特殊的观赏特征。此类植物种类相对较少，常见的有枳壳（*Poncirus trifoliata*）、枸骨冬青（*Ilex cornuta*）、火殃勒（*Euphorbia antiquorum*）及一些蔷薇科、鼠李科的植物。

观叶类绿篱

观叶类绿篱植物是绿篱景观设计中最常用的一类，一般枝叶密集，叶色亮丽或者叶形独特。修剪或者不修剪均能产生致密、细腻的景观，萌叶能力强，能很快发出新叶，而且新叶与老叶在叶色上有差异，部分植物还具有各种不同颜色的叶片，或同一叶片上具有不同颜色的条纹或斑块，造景后能形成五彩缤纷的景观。

此类植物应用广泛，适合各种形式建篱，既可单独用绿色树种配植成绿篱，又可用彩叶树种栽培成彩叶篱；既可修剪成整齐的绿墙，又可任其生长作自然式观赏，还可修剪成各种图案和动物造型。树形高、中、矮都有，构建矮篱、中篱、高篱都能使用，常见的有

变叶木（*Codiaeum variegatum*）、红背桂（*Excoecaria bicolor* var. *purpurascens*）、罗汉松（*Podocarpus macrophyllus*）、正木（*Euonymus japonicus*）、福建茶（*Carmona microphylla*）、灰莉（*Fagraea ceilanica*）等。

观果类绿篱

以果实色彩艳丽、果小耐修剪的灌木组成，和观花绿篱植物一样一般不作或稍作规则式整形修剪，尽量不影响结果观赏。观果类绿篱植物能营造硕果累累的景象，并能丰富绿篱的色彩，弥补秋、冬季节部分绿篱颜色单一的不足。火棘（*Pyracantha fortuneana*）、紫珠（*Callicarpa bodinieri*）、枸杞（*Lycium barbarum*）、胡颓子（*Elaeagnus pungens*）、枸骨（*Ilex cornuta*）等都是常见的果篱植物。

绿篱的造景特色与应用方式

造景特色

绿篱植物具有枝叶密集、萌发力强、耐修剪、抗性强等特点，在园林造景中具有独特的功能和观赏价值。

- 应用广泛，可构建形式多样的景观效果

绿篱植物种类多，适应性强，景观功能多样，有些具有鲜艳的花朵，有些具有美丽的果实，有些具有亮绿的叶色。无论何种植物，一旦生长成形，都有较高的观赏价值，均可广泛应用。

- 营造整齐、对称的景观

中国古典园林的精髓之一就是对称美，绿篱植物以其从低到较高的树形、浓密的枝叶及

较强的耐修剪能力，在营造整齐、对称的底层景观及中层人为景观中发挥了巨大的作用，使景观的轮廓更加清晰分明。可以说，绿篱就是营造这些中、低层景观的框架，这是绿篱植物造景最大的特色。

● 增强层次感，丰富景观特色

绿篱植物既有枝繁叶茂的灌木，又有修长亮丽的小乔木，多样的形态特征及生物学特性使其能构建丰富多样的景观，是园林中构建立体景观最常用的材料。矮篱、中篱、高篱依次成层排列，两篱之间种植不同形式、不同颜色的花草，立体景观凸显，给人极强的视觉冲击。如设计成各种曲线、图形，可构造成多种多样的特色景观，在庭园中经常使用。

● 既可做景观背景，又可单独成景

绿篱植物可成列种植，将其修剪整齐或修剪成各种几何形状及动物形状做各种花坛、花境或雕塑等景观的背景，能使主景更加特色鲜明。绿篱植物的另一个特点就是在不依赖其他固形物的情况下，形成浓密翠绿、花繁叶茂的"绿墙"，单独成景。其营造的绿篱景观或生机勃勃、绿意盎然，或幽静深远、气势磅礴。

应用方式

● 景观边缘绿篱造景

将绿篱植物列植于路边、景观小品边缘而形成边篱，常用于花坛边缘、草坪四周、庭园边界、建筑物周围等。边篱具有点缀主要景观、单独成景观赏、分隔庭园小区、构建景观框架及防止游客进入景区等多种功能。

边篱是绿篱植物应用最多的造景形式，其形状通常根据景观小品的形状而定，如定植在运动场周围为椭圆形，栽植在方形花坛周围则为方形，列植在路边则为直线形或曲线形。边篱一般都作整形修剪，其中大部分都作平整式修剪，看上去有整齐、美观、大方的景观效果。近年其在整形上有诸多变化，常修剪成城垛式、凸凹式及各种字母的形状等，使绿篱景观更加丰富，层次更加突出，增强了景观的立体效果。有些布置于路旁、湖畔用来观花、赏叶的自然式绿篱常常不作修剪或稍作修剪，以维持更好的自然形态，使花多叶繁，增强观赏性。边篱根据观赏植物部位不同，又可分为观叶绿篱、观花绿篱和观果绿篱，常用无刺植物为材料，通常要求植株高度或修剪后植株高度在 1.5m 以下。常用的边篱植物有木槿（*Hibiscus syriacus*）、黄榕（*Ficus microcarpa* cv. Golden Leaves）、栀子（*Gardenia jasminoides*）、黄杨（*Buxus sinica*）等。

● 刺篱植物造景

刺篱植物造景功能较为单一，常用于郊外庭园，防止有害动物入侵，或用于部分封闭式庭园景观小品周围，防止有人进入，主要起防护功能，兼有观赏和分隔空间的作用。

刺篱植物常具有许多由叶或枝条变态而来的刺，叶片稀少，针刺露出在外面或藏于叶下，给人以恐怖、突兀的感觉。也有些刺篱植物具有漂亮、艳丽的花，美丽的花朵与恐怖的针刺形成鲜明的对比，只能远观而不可近玩，给人一种想靠近却又不敢靠近的奇妙感觉。此类植物通常高度在 0.5~2m 之间，一般不修剪或作平整式修剪。刺篱植物应用较少，经常选用一些蔷薇科、鼠李科及大戟科的一些植物，如黄刺玫（*Rosa xanthina*）、铁海棠（*Euphorbia millii*），具体要根据不同地方气候条件进行选择。

选用高大密集的大灌木或小乔木列植而成，也称"绿墙"，一般不经常修剪。设计造景高度在 1.6m 以上，主要有防风的功能，在庭园环境中常用来分隔空间和屏障视线，减少相互干扰，遮挡、隐蔽不美观的构筑物及设施等。此类绿墙还可用来作自然式与规则式绿地空间的过渡处理，使风格不同、对比强烈的布局形式得到调和。

部分风障篱本身能构成优美的景观，如在某些公园、植物园及寺庙的通道两侧、不同观赏游览园的两边栽植的风障篱，枝叶浓密细致，两侧空间闭合，构成强烈的廊形空间，能制造幽深的气氛，形成令人震撼的气势。除此之外，部分风障篱可因地制宜修剪成各种城垛式，或在篱中修剪整形成方形或圆形的拱门等，也可以构建成独特的景观。常用的风障篱植物有龙柏（*Sabina chinensis* cv. Kaizuca）、千头柏（*Platycladus orientalis* cv. Sieboldii）、珊瑚树（*Aucuba japonica*）等。

● 景观背景用绿篱植物造景

与风障篱在植物选择上非常相似，造景方式也大同小异，都可看做是一堵绿墙，不同的是做景观背景用绿篱植物经常栽植在花坛、雕像、座椅等景物一侧，而且修剪整齐，目的是使花坛、雕塑等景物背景清晰、整洁，景观主题更加突出。也有许多背景篱修剪成各种图案及动物造型的，尤其是做音乐喷泉或大型广场边缘花坛的背景，在节日里欢快的音乐声中，能烘托热烈、吉祥的氛围。背景篱主要选择比较高大、密集、耐修剪的大灌木或小乔木，功能上以观叶为主，常见的有女贞（*Ligustrum lucidum*）、垂榕（*Ficus benjamina*）、侧柏（*Platycladus orientalis*）等。

绿篱植物一般枝叶排列紧密，在养护与管理时既要保持其应有的功能和景观效果，又要维持其正常生长。绿篱植物的养护与管理主要包括更新修剪、肥水管理及病虫害防治。

更新修剪

修剪是保持绿篱美观、维持绿篱正常生长及绿篱植物更新的重要方法。

● 栽后修剪

刚刚种植的绿篱，如植株是一二年生的实生苗，则分枝少，栽后应齐地剪去或至少剪去一半，再发枝时，生长旺盛且分枝多。

● 造型修剪

绿篱常常在栽植时通过图案的设计和生长旺盛后通过修剪形成一定的造型，如直线整齐式、各种曲线式、城垛式、凸凹式等。这类修剪是一种细致并带有艺术性的工作，修剪时对平面的整形要达到平整，平面之间的角度要准确，同时要兼顾绿篱的阳光通透性以免下部枝叶因得不到光照而枯落，影响绿篱景观效果。对波浪形的曲线式绿篱的修剪需有精巧的技术，为了使曲线准确美观，可用垂线法、透视法辅助进行。垂线法是指利用绳子下垂形成的弧线造成水平方向的凹入曲线，按此曲线进行修剪即可。透视法多用于凸出的曲线，先将设计的形状用硬纸板剪成小模型，将绿篱粗剪一个轮廓后用此模型瞄视，发现不整齐处再加以修剪。

对于自然式绿篱一般稍作修剪即可，主要是剪除妨碍树形的徒长枝、调整枝条不使其过疏或过密、剪去病虫害枝或枯枝。应根据习性不同对植物进行适当修剪，如习惯在去年老枝上开花的灌木（如金钟花、迎春等）应在花后修剪，在当年生枝条上开花的（如月季、木芙蓉等）应在冬季修剪，分枝性强的（如玫瑰等）应每二三年进行分株或砍伐一次，其他针叶树的雌雄球花修剪时需细致地用手除去。

● 更新

绿篱年龄过大，下部空虚，上部过于开展，则景观效果会严重下降，需要更新。可在冬季重剪，使其在翌年逐渐生长至原状。还可挖掉老化植株，进行补植或全部重新栽植，以恢复绿篱景观。

肥水管理

绿篱植物一般耐粗放管理，对肥水要求不严。栽植前预埋基肥，每年植株休眠期追施缓效化肥可确保绿篱植物的生长。在炎热的夏天或长期干旱的时期注意在早晚浇水，以喷灌为好。

病虫害防治

不要把易感染相同病虫害的植物栽植在一起，掌握各种植物病虫害发生规律后，提前预防。病虫害发生后，要根据不同情况对症下药。

第二章

观花类绿篱

造景功能

这类植物具有美丽、鲜艳的花朵，而且花朵较大或开花茂盛，花或花序常常伸出叶面，盛花时常常见花不见叶，景观效果极佳。由观花绿篱植物构建的植篱又称"花篱"，除了具有一般绿篱功能外，还具有较高的观花价值。

木槿

别名：篱障花、木棉、朝开暮落花
科属名：锦葵科木槿属
学名：*Hibiscus syriacus*

形态特征

落叶灌木，高 2~4m。茎直立，分枝多，嫩枝有柔毛。单叶互生，叶片三角状卵圆形或菱形，先端渐尖，长 4~7cm，宽 2~4mm，不裂或中部以上 3 裂，基部楔形，边缘有不规则粗齿和缺刻。花大，单生于叶腋，直径 5~6cm，花柄长 4~14cm；小苞片 6~7 片，线形，有星状毛；花萼钟形，5 裂，有星状毛及短柔毛；有单瓣、重瓣及白、红、粉红、蓝、淡紫等色，雄蕊和柱头不伸出花冠。蒴果长圆形，长约 2cm，顶端有短喙，密生星状毛。种子褐色。花期 7~10 月，果期 9~10 月。变种有白花重瓣木槿、紫红重瓣木槿、琉璃重瓣木槿、斑叶木槿、粉花垂枝木槿及大叶木槿。

适应地区

我国分布于四川、湖南、湖北、山东、江苏、浙江、福建、广东、云南、陕西、辽宁等地区。

生物特性

喜阳光，稍耐阴。喜湿润的环境，耐水湿，又耐干旱。喜温暖，较耐寒。耐贫瘠土壤，对土壤要求不严，在重黏土中也能生长。萌芽力强，耐修剪，抗烟尘和有害气体的能力较强。

繁殖栽培

木槿的繁殖方法有播种、扦插、分株等。扦插繁殖较易成活，但入土深度至少达 20cm，否则易倒或发芽后因根浅受旱害。分株于早春发芽前进行。栽培容易，可粗放管理，宜植于背风向阳处，定植后连灌 2 次透水，花期适量施肥、浇水和中耕除草。木槿生

花期的木槿绿篱

长强健，病虫害少，偶有棉蚜等发生，可喷 40％乐果乳剂 3000 倍液防治。

景观特征

植株美观，枝叶茂盛，开花达百日之久，故有诗称其"谁道槿花生短促，可怜相计半年红"。其满树繁花，甚为壮观。

园林应用

是城市绿化的重要观赏花木，为夏季开花的主要树种之一，南方常做绿篱、花篱，因枝条柔软，做围篱时可进行编织；北方可作庭园点缀。

木槿花特写

丛生的木槿

无花期的木槿绿篱

花期的木槿绿篱

扶桑

别名：朱槿、赤槿、大红花
科属名：锦葵科木槿属
学名：*Hibiscus rosa-sinensis*

形态特征

常绿灌木或小乔木，高 3m。茎皮韧。叶互生，广卵形或狭卵形，边缘有各种锯齿或裂缺，掌状叶脉；叶柄长。花大，喇叭形，腋生，有单瓣花及重瓣花，雄蕊花丝合生成管包围花柱，花色有红、粉红、橙、白、黄等颜色。扶桑的花期很长，除了寒冷的冬季外，几乎全年有花。栽培品种很多，单瓣的根据花色不同，有红、粉红、黄色等品种；重瓣的根据花色可分为红、桃红、玫瑰红、粉红、黄、橙黄、白色等品种。常见的有花叶大红花（cv. Cooperi）。

适应地区

原产于我国南方，广东、广西、云南、福建、台湾、海南、香港、澳门等地均适宜应用。

生物特性

喜在温暖、湿润、肥沃之地生长，要求阳光充足的环境。生长适温为 22~32℃，夏季炎热季节植株生长非常旺盛。不耐寒，冬季在北方要温室过冬。

繁殖栽培

生产上主要采用扦插繁殖，在春、夏季之间扦插，非常容易成活。插穗可用当年生的尾段，长 15~20cm，也可以用一年生的成熟枝段，剪成每段长 15~20cm 做插穗，将叶

花叶大红花

片剪光后直接插入育苗袋中，一般插后 20 天左右出根。种植绿篱一般选用 5 斤袋苗，按每平方米 16 株的密度种植，种后修剪整齐。管理粗放，但是充足的肥水有利其生长，平时要适当修剪，以保持整齐的景观。干旱季节或回暖的天气应注意蚜虫、红蜘蛛等的危害，及时喷药防治。

景观特征

分枝能力强，开花量大，花期长，夏、秋季高温时节花繁叶茂，作修剪较少或不修剪的自然式观花绿篱效果良好。

园林应用

是园林中应用非常广泛的植物，可做绿篱，可以丛植修剪成球，可以布置花坛，也可以盆栽观赏。

＊园林造景功能相近的植物＊

中文名	学名	形态特征	园林应用	适应地区
吊灯花	*Hibiscus schizopetalus*	常绿灌木。叶卵状披针形，边缘有锯齿。花鲜红色，下垂，花瓣羽裂。花心很长，突出花瓣之外	花漂亮，可单株种植、丛植或盆栽观赏	我国广东、广西、云南、福建、台湾、香港、澳门

扶桑重瓣品种

扶桑重瓣品种

扶桑绿篱

扶桑绿篱

扶桑绿篱

扶桑绿篱

扶桑的自然式绿篱

扶桑绿篱

花叶大红花绿篱

花叶大红花绿篱

悬铃花

别名：吊灯花、南美朱槿
科属名：锦葵科悬铃花属
学名：*Malvaviscus arboreus*

悬铃花特写 ▷

形态特征

小灌木。嫩枝和花梗均被疏柔毛。叶不分裂，稀 3 浅裂，长卵形，顶端渐尖，基部圆钝，边缘具钝齿，下面沿叶脉具疏生柔毛；托叶线形。开花时下垂，花梗长 1~4cm，被柔毛；小苞片约 7 片，倒披针形至匙形，内面被柔毛；花萼筒状，约与小苞片等长，萼裂片 5 枚；花冠鲜红色，长 5~7cm；花瓣不展开，单瓣花的雄蕊突出花冠，花瓣 5 枚，重瓣花的雄蕊突不明显。蒴果卵圆形。常见的变种有小悬铃花，叶边缘 3 裂，花冠淡红色，不下垂；粉色悬铃，花冠粉红色，下垂。

适应地区

广泛栽种于世界各热带地区。

生物特性

喜阳光充足的环境，稍耐阴。喜湿润，较耐湿。喜温暖至高温气候，不耐寒冷，冬季温度低于 8℃会对植株有伤害。宜在肥沃、疏松和排水良好的微酸性土壤中生长。

繁殖栽培

主要用扦插繁殖。夏、秋季剪取半木质化嫩枝，每段长 10~15cm，插于沙床，保持湿润，一般插后 20~25 天可生根。生长期每半月施肥一次，盛夏保持湿润，多见阳光，但要防烈日曝晒，早晚在叶面喷水，秋季天气转凉时控制施肥和浇水，保持通风，每年春季修剪整形，以便多萌发分枝。常发生叶斑病和白粉病，可用 65% 代锌可湿性粉剂 600 倍液喷洒。虫害有蚜虫、介壳虫和卷叶蛾危害，用 40% 氧化乐果乳油 1000 倍液喷杀。

花期的悬铃花绿篱

悬铃花绿篱

景观特征

悬铃花娇妍美丽，花色鲜红且有脉纹，形似风铃，美丽可爱，在热带地区可全年开花，是一种深受欢迎的绿篱植物。

园林应用

为优良的造景材料，耐修剪，常用于园林、庭院配置，或在校园、办公区中列植，也可于假山、池畔做绿篱，相得益彰。

双荚决明

别名：双荚槐、腊肠仔树
科属名：苏木科决明属
学名：*Cassia bicapsularis*

双荚决明
花特写

形态特征

灌木，无毛。羽状复叶长 7~12cm；小叶 3~4 对，倒卵形或倒卵状长圆形，先端圆钝，基部渐窄，偏斜，下面绿粉色，侧脉在近边缘处网结；叶轴最下 1 对小叶间有 1 枚黑褐色线形而钝头的腺体。总状花序生于枝条顶端的叶腋，密集成伞房花序状，长约与叶相等；花鲜黄色，径约 2cm；雄蕊 10 枚，7 枚能育，3 枚退化而无花药，能育雄蕊中有 3 枚特大，高出花瓣，4 枚较小，短于花瓣。荚果圆柱状，膜质，直或微曲，有 2 列种子。花期 10~11 月，果期 11 月至翌年 3 月。

适应地区

原产于热带地区。我国广东、广西、海南、台湾、香港、澳门适宜露地种植。

生物特性

喜温暖至高温的气候，对寒冷的耐受性差。喜湿润的气候，较耐湿。喜疏松、肥沃、土层深厚的土壤。

繁殖栽培

主要用播种的方法繁殖。果熟后及时采种，将果荚晒干脱出种子，种子可以常温贮藏。播种时可以直接将种子点播在育苗袋中，每袋点播 2~3 颗种子，苗高 10cm 时进行间苗。也可以采用圃地苗床播种育苗。生长期应多加强肥水管理，植株壮实才能多开花。除四边修剪整齐外，尽量保持自然形态，有利于开花。每 1~2 年可以重度修剪一次，将植株的高度重新调整。

景观特征

植株分枝多，枝叶茂盛，花期较长，开花时节金黄色的花布满树冠，花团锦簇，鲜艳夺目，给人以艳丽惊人之感。

园林应用

宜作路旁、分化带的绿化，或做园林、公园、小区的绿篱使用，也可列植于栏杆、围墙等处作修饰。

双荚决明绿篱景观

双荚决明绿篱景观

棣棠

别名：麻叶棣棠、地棠、黄榆叶梅
科属名：蔷薇科棣棠属
学名：*Kerria japonica*

棣棠花特写 ▷

形态特征

落叶灌木，高 1~2m，稀达 3m。小枝绿色，圆柱形，无毛，常拱垂，嫩枝有棱角。叶互生，三角状卵形或卵圆形，顶端长渐尖，两面绿色。单花，着生在当年生侧枝顶端，花梗无毛；萼片卵状椭圆形，顶端急尖，有小尖头，全缘，无毛，果时宿存；花瓣黄色，宽椭圆形。瘦果倒卵形至半球形，褐色或黑褐色。花期 4~6 月，果期 6~8 月。变种有金边棣棠花（var. *aureo*），叶边黄色；银边棣棠花（var. *argenteo*），叶边白色；白花棣棠花（var. *albescens*），花白色；重瓣棣棠（var. *pleniflora*），花瓣极多，雌雄蕊均瓣化花冠呈球形，有香味。

适应地区

产于甘肃、陕西、山东、河南、湖北、江苏、安徽、浙江、福建、江西、湖南、四川、贵州、云南。生于海拔 200~3000m 的山坡灌丛中。

生物特性

为亚热带中性偏阴的植物，喜温暖，不耐严寒。喜光，稍耐阴。喜湿润环境，较耐湿，不耐干旱。对土壤要求不高，但是肥沃、疏

重瓣棣棠花特写

棣棠景观

松的土壤有利于生长。根蘖萌发力强，能自然更新植株。

繁殖栽培

主要采用分株繁殖。一般在春季进行，将植株丛分开种植。园林绿化一般要求使用袋装苗，作绿篱栽植时，种植密度为每平方米 16 株左右，种植后要修剪整齐。生长季节加强肥水管理，植篱封行后要经常修剪，以维持良好的景观。在栽培管理过程中，棣棠经常会发生叶斑病，应及时喷药防治。

景观特征

植株丛生，柔枝拱垂，叶面绿色光亮，花期从春末开到初夏，片片金黄色花瓣在柔软的枝条上摇曳，别具风韵，煞是喜人，是很好的观赏植物。

园林应用

在园林中应用广泛，一般作绿篱或花篱使用，宜列植于水畔、坡边，或配置在树丛外缘及假山旁边，与水石配合，花影相照，尤觉宜人。夏季赏花，冬季观赏翠枝。

美蕊花

别名：红绒球、美洲合欢
科属名：含羞草科朱樱花属
学名：*Calliandra haematocephala*

美蕊花序特写

形态特征

多年生落叶灌木，高 1~2m。枝叶密集；叶为 2 回偶数羽状复叶，小叶菱形，叶基部不对称，叶中脉偏向一边；叶深绿色，初生嫩叶则淡红色，亮丽。花为头状花序，腋生，花丝很长，红色，整个花序绒球形。花期很长，自春季至秋季一直开花。果为荚果，陆续成熟。

适应地区

我国广东、海南、香港、澳门等华南沿海地区可以露地栽植应用。

生物特性

喜湿润的环境，较耐旱。喜阳光充足，不耐阴。喜温暖至高温气候，耐热，生育适温为23~30℃。喜多肥，耐剪，易移植。

美蕊花绿篱景观

繁殖栽培

主要用播种或压条繁殖。一般是春季播种，可将种子直接点播在育苗袋中。压条在生长季节进行，采用空中压条法，大约 2 个月出根。美蕊花宜选择排水好的土壤环境栽培，种植时宜施足有机肥，以便日后生长旺盛。栽培管理较为粗放，但在生长季节应适当修剪整形。常有红蜘蛛、介壳虫、根腐病危害。

景观特征

美蕊花叶色灰绿，花形雅致，鲜红色的花序如绒球般挂满枝头，与深绿色的叶、淡红褐色的嫩叶互相映衬，非常漂亮，有活泼生动、奔放豪迈的特点。

园林应用

一般作为中篱、高篱植物种植，作为屏障，起到遮挡、美化等作用，可在庭园、校园、公园列植，起到了添景美化的作用，还能开花诱蝶。

美蕊花绿篱景观

麻叶绣线菊

别名：柳叶绣线菊、空心柳、麻球、麻叶绣球
科属名：蔷薇科绣线菊属
学名：*Spiraea cantoniensis*

形态特征

落叶灌木，高达1.5m。小枝暗褐色，细弱，呈拱形垂曲，无毛。叶片菱状披针形至菱状长圆形，先端急尖，基部楔形，边缘近中部以上有缺刻状锯齿，上面绿色，下面蓝灰色，两面无毛，叶脉羽状；叶柄无毛。伞形花序，花多数；苞片线形，无毛；花直径5~7mm；花瓣白色，近圆形或倒卵形，先端圆钝或微凹。果直立，开张，无毛。花期4~5月，果期6~9月。变种有重瓣麻叶绣球（var. *lanceata*），叶披针形，上部生疏细齿，花重瓣。

适应地区

原产于我国广东、广西、福建、浙江、江西等地，黄河中下游及以南各省区都有栽培。

生物特性

喜阳光充足，也稍耐阴。喜温暖的气候，生长适温为15~24℃，冬季能耐-5℃低温。喜湿润，但怕湿涝，耐干旱。耐瘠薄，对土壤要求不严，但喜土壤肥沃、疏松和排水良好。分蘖力强。

繁殖栽培

以分株、扦插繁殖为主，也可用种子繁殖。扦插春季进行，分株晚秋进行。栽种后可轻度修剪，适当剪去过密枝条，使其更新。在生长期内需每隔1月追肥一次。常见的病虫害有叶斑病、角斑病、蚜虫和叶蜂。

麻叶绣线菊枝叶特写

麻叶绣线菊绿篱景观

景观特征

植株丛生成半圆形，株形优美，枝叶茂盛，夏季花盛开，繁似积雪，十分雅致，使人一见倾心。

园林应用

形成绿篱极为美观，可植于庭院、公园、水边、路旁或栽于假山及斜坡上，供观赏。

＊园林造景功能相近的植物＊

中文名	学名	形态特征	园林应用	适应地区
珍珠绣球	*Spiraea blumei*	灌木，高2m。小枝细而弯曲。叶菱状卵形。花白色，组成伞形花序	同麻叶绣线菊	同麻叶绣线菊

麻叶绣线菊花序

珍珠绣球花序

珍珠绣球绿篱景观

珍珠绣球绿篱景观

榆叶梅

别名：小桃红
科属名：蔷薇科李属
学名：*Prunus triloba*

榆叶梅花序 ▷

形态特征

落叶灌木，直立，高 2~5m。小枝紫褐色，无毛或具微毛。托叶线形，早落；叶柄密被柔毛；叶片倒卵状圆形、菱状倒卵形至三角状倒卵形。花单生或 2 朵并生，先于叶开放；花瓣倒卵圆形，先端圆钝或微凹，粉红色；雄蕊约 30 枚；子房密被柔毛。核果，表面有皱纹。花期 4~5 月上旬，果期 6 月。观赏变种有弯枝榆叶梅（var. *attopurpurea*），小枝紫红色，多向上直伸，花 1~2 朵，有时 3 朵，单瓣或重瓣，紫红色；单瓣榆叶梅（var. *simplex*），花单瓣密生，粉红色至白色；半重瓣榆叶梅（var. *multiplex*），半重瓣，花粉红色，花先叶开放；重瓣榆叶梅（var. *plena*），花大，重瓣，深粉红色；毛瓣榆叶梅（var. *patzoldii*），花大，粉红色，重瓣，花瓣有毛；截叶榆叶梅（var. *truncata*），叶先端微截形，3 裂，花粉红色。

适应地区

我国东北、西北、华北地区，南至江苏、浙江等省都有栽种。生长于海拔 2100m 以下的干旱阳坡。

生物特性

喜阳光充足，稍耐阴。喜温暖的环境，耐寒能力强，在 -35℃的条件下能安全越冬。喜湿润，耐旱力强，不耐水涝。对土壤要求不严，以中性至微碱性而肥沃土壤为佳。

繁殖栽培

繁殖可采用播种、扦插和嫁接。嫁接以山杏、山桃和榆叶梅实生苗为砧木。播种待种子成熟后秋播，或沙藏后春播。管理较简易，栽

榆叶梅花期景观

弯枝榆叶梅绿篱景观

植宜在早春。病害常发生白粉病、褐斑病，虫害常有蚜虫和刺蛾为害。

景观特征

榆叶梅枝叶茂密，花繁色艳，开花时正值春季，给人以春光明媚、花团锦簇的欣欣向荣景象。

园林应用

榆叶梅作为绿篱，能产生良好的观赏效果，可植于公园草地、路边、庭园、池畔等处。

火棘

别名：火把果、救兵粮、赤阳子
科属名：蔷薇科火棘属
学名：*Pyracantha fortuneana*

火棘花序

形态特征

常绿灌木或小乔木，高 4m。短侧枝常成刺状，小枝细长，水平延展或平卧。叶倒卵形或倒卵状长圆形，先端圆或微凹，边缘有钝锯齿，齿尖内弯，近基部全缘，表面暗绿色，两面无毛。花集成复伞房花序，直径 3~4cm，花白色，萼筒钟状，花序梗和小花梗近无毛，雄蕊 20 枚，花柱 5 枚。梨果扁圆形，萼片宿存，果实橘红或深红色。花期 5~6 月，果期 9~12 月。

适应地区

原产于我国四川、云南、贵州、湖北、西藏等省区，现陕西、江苏、浙江、上海、福建、广西等地广泛栽培。

生物特性

生命力强，喜温暖的气候，可以耐受 -6℃左右的低温。喜湿润的环境，耐干旱。喜阳光，稍耐阴，但偏阴时会引起严重的落花、落果。耐贫瘠，不择土壤，适生于湿润、疏松、肥沃的壤土。萌芽力强，耐修剪。

繁殖栽培

可用播种及扦插育苗。播种育苗在春季进行，将成熟的果实采收，把果肉搓洗干净，取得种子，然后将种子直播在苗床里，盖上草和薄膜等保温、保湿，幼苗出土时及时揭去。

火棘果枝

扦插在春季 3~4 月进行，容易发根。火棘的栽培管理较粗放，作为绿化使用时最好放足基肥，平时加强肥水管理，以促进生长，使植株壮旺，增强景观效果。黄河以南地区露地种植，华北地区需盆栽，塑料棚或低温温室越冬，温度可低至 0~5℃或更低。

景观特征

树形优美，枝繁叶茂，夏有白花，秋有红果，果实存留枝头甚久。火棘入夏时繁花点点、素白清新，入秋后红果累累、灿烂夺目，经冬不凋，是观花、观果的优良树种。

园林应用

可在庭院中做绿篱以及园林造景材料。在城市中，火棘可规则式地布置在道路两旁或中间绿化带，而且当年栽植的绿篱当年便可见效，能起到绿化美化和醒目的作用。

✳ 园林造景功能相近的植物 ✳

中文名	学名	形态特征	园林应用	适应地区
窄叶火棘	*Pyracantha angustifolia*	常绿灌木。叶狭长椭圆形，全缘，叶背被灰色毛。花白色。果红色	同火棘	西南地区

窄叶火棘果枝

火棘绿篱景观

火棘绿篱景观

火棘绿篱景观

火棘绿篱景观

火棘绿篱花坛

木瓜海棠

别名：毛叶木瓜、木桃
科属名：蔷薇科木瓜属
学名：*Chaenomeles cathayensis*

木瓜海棠的
果和枝叶

形态特征

落叶灌木，高 2~2.5m。枝干丛生而直立，枝暗褐色，具枝刺。叶互生，长圆状披针形，缘具细锯齿；近无柄，背面密被棕褐色茸毛。花 2~6 朵簇生于二年生枝上，在叶长出之前或与叶同时开放；花梗粗短；花瓣近圆形或倒卵形，具短爪，猩红色或淡红色。梨果球形至卵形，黄绿色，有芳香。花期 4 月。

适应地区

分布于我国甘肃、湖北、湖南、江西、四川、云南、贵州、广西和陕西南部等地。生于海拔 800~1100m 的山坡林缘或沟谷林下。

生物特性

喜温暖气候，有一定的耐寒性。喜湿润的环境，耐旱，忌水湿，要求排水良好。喜光照好的地方，稍耐阴。对土壤的要求不严，在酸性土、中性土都能生长。根部有很强的萌生能力，耐修剪。

繁殖栽培

常用扦插、分株和压条繁殖。新植株以春季移植为宜。落叶期间注意修剪，特别注意修剪枯枝和病枝。

景观特征

植株较高，枝叶交错，叶色美丽，花色烂漫，开花时节红绿相间，美观大方，赏心悦目。也可以造型。

园林应用

可列植于庭园中、围墙外或办公楼下，也可列植于林缘等处。

木瓜海棠绿篱景观

木瓜海棠绿篱景观

希茉莉

别名：西美丽、醉娇花
科属名：茜草科长隔木属
学名：*Hamelia patens*

希茉莉

形态特征

为多年生常绿灌木，高2~3m。全株具白色乳汁。分枝能力强，树冠广圆形。茎粗壮，红色至黑褐色。叶4片轮生，长披针形，纸质，腹面深绿色，背面灰绿色，叶面较粗糙，全缘；幼枝、幼叶及花梗被短柔毛，淡紫红色。聚伞圆锥花序顶生，管状花橘红色。花期5~10月。

适应地区

适用于我国广东、广西、福建、台湾、海南、香港、澳门等地。

生物特性

喜高温、高湿、阳光充足的气候，生长适温为15~30℃，不耐寒，耐阴蔽。对土壤要求不严，但以排水性、保水性良好的微酸性肥沃砂质壤土为佳。

繁殖栽培

主要用扦插繁殖。一般于春季进行，剪取10~20cm长的枝段做插穗，直接插入育苗袋中，很容易出根。适应性强，生长速度快，耐修剪，管理粗放。主要的病虫害有蚜虫、吹绵蚧、食叶蛾等。

景观特征

植株色泽暗绿中带红褐，色泽美丽，形态优美，花期长，令人赏心悦目。

园林应用

是重要的园林绿化植物，常用于绿篱种植，适于公园、庭园、办公绿化带等环境，可修剪成球形，美观大方。

希茉莉绿篱景观

希茉莉绿篱景观

绣球花

别名：紫阳花、八仙花
科属名：虎耳草科绣球属
学名：*Hydrangea macrophylla*

形态特征

落叶灌木，高 1~4m。树干暗褐色，条片状裂剥。小枝绿色，有明显气孔，枝与芽粗壮。叶卵状椭圆形，先端短而尖，基部广楔形，对生，边缘具粗锯齿，叶面鲜绿色，有光泽，叶背黄绿色。顶生伞房花序，大型，半球状；花梗有柔毛，有 4 枚萼片，萼片宽卵形或圆形；花色多变，花被白色，渐转蓝色或粉红色。花期 6~7 月。栽培品种有阿尔彭格卢欣（cv. Alpengluehn）、红帽（cv. ChaperonRouge）、恩齐安多姆（cv. Enziandom）、弗兰博安特（cv. Flamboyant）、雪球（cv. Kuhnert）、法国绣球（cv. Merveille）、奥塔克萨（cv. Otaksa）、雷古拉（cv. Regula）、大雪球（cv. Rosabelle）、斯特拉特福德（cv. Stratford）、德国八仙花（cv. Todi）。变种有大八仙花（var. *hortensis*）、紫茎八仙花（var. *mandshurica*）、齿瓣八仙花（var. *macrosepala*）、蓝边八仙花（var. *coerulea*）、银边八仙花（var. *maculata*）。

适应地区

湖北、四川、浙江、江西、广东、云南等省区都有分布。

生物特性

喜半阴、湿润和温暖，不甚耐寒。好肥沃、排水良好的疏松土壤。土壤酸碱度对花色影响很大，酸性土开蓝色花，碱性土则开红色花。萌蘖力强。

繁殖栽培

可用扦插、压条、分株等法繁殖。初夏可用嫩枝扦插，很易生根。压条于春季或夏季均可进行。绣球花为肉质根，冬季只维持土壤

绣球花绿篱景观

三成湿度即可。由于每年开花都在新枝顶端，一般在花后进行短剪，以促生新枝，待新枝长出 8~10cm 时进行第二次短剪，使侧芽充实，以利于翌年长出花枝。如培养得当，花期可由 7、8 月直至下霜时节。

景观特征

植株繁茂、冠幅较大，花姿雍容华贵，花形别致，花色多变，作为绿篱应用，在开花时节很是壮观。

园林应用

绣球花是极好的观赏花木，可配置于林下、路缘、棚架边及建筑物之北面，也可应用于池畔、水滨。

绣球花花序
和枝叶

绣球花绿篱景观

绣球花绿篱景观

绣球花绿篱景观

石榴

别名：安石榴、珍珠石榴、海石榴、丹若
科属名：安石榴科石榴属
学名：*Punica granatum*

形态特征

落叶小乔木或灌木，在热带则常绿，高2~7m。小枝平滑，一般有刺。叶对生或簇生，倒卵形至长圆状披针形，长2.5~5cm，全缘，光滑无毛，有短柄。夏季开花，花有结实花和不结实花两种，常呈红色，也有白色或黄色；花两性，1~5朵顶生或腋生；萼钟形，革质、宿存，结实花的萼后成果实的外皮；花瓣5~7枚，有时重瓣；雄蕊多数，雌蕊具8~12枚心皮，子房下位，上部6室，侧膜胎座，下部3室，中轴胎座。浆果近球形，秋季成熟，外种皮肉质半透明，多汁，内种皮革质。品种有月季石榴（cv. Nana），丛生矮小灌木，花期长，单瓣，易结果；白花石榴（cv. Albescens），花白色，单瓣；黄花石榴（cv. Flavescens），花黄色，单瓣；千瓣白花石

石榴花枝

榴（cv. Alba Plena），花白色，重瓣；千瓣红花石榴（cv. Plena），花红色，重瓣；玛瑙石榴（cv. Legrellei），花重瓣，花瓣橙红色而有黄白色条纹，边缘也是黄白色等。

自然式的石榴绿篱

石榴果枝

自然式的石榴绿篱

修剪过的石榴绿篱

适应地区

现世界大部分国家有栽培。

生物特性

喜光，不耐阴，在阴处生长、开花不良。喜温暖气候，有一定的耐寒能力。较耐干旱和瘠薄，喜湿润，怕水涝，在花期和果实膨大期喜空气干燥和日照良好。对土壤要求不高，但过于黏重的土壤会影响生长，pH 值为 4.5~8.2 均可，喜肥沃、湿润而排水良好的土壤。对二氧化硫和氯气的抗性较强。

繁殖栽培

用扦插、分株和压条繁殖。春季或夏季采用半木质化枝条扦插，插后 15~20 天生根。分株可在早春 4 月芽萌动时挖取健壮根蘖苗分栽。压条在春、秋季进行，不必刻伤，芽萌动前将枝条压入土中，夏季生根后割离母株，秋季即成苗。选择光照充足、排水良好的场所栽培，生长过程中每月施肥一次。如要多开花、结果应该注意肥水管理，春季萌芽前应将枯弱枝、萌蘖枝剪去，并对二年生以上的老枝进行短剪。生长季应适当摘心，剪除根蘖，以促进树形整齐、枝条健壮、花芽分化。注意防治蚜虫、蚧壳虫。

景观特征

树姿优美，花期长达数月，每年五六月间繁花怒放，灿若云霞，花红似火，分外鲜艳，独领风骚。其果实色彩绚丽，籽粒晶莹，甘美多汁，清凉爽口，营养价值高。古人曾用"春花落尽海榴开，阶前栏外遍植栽，红艳满枝染夜月，晚风轻送暗香来"这样的诗句来描写石榴。

园林应用

石榴春天新叶嫩红色，夏天红花似火、鲜艳夺目，入秋丰硕的果实挂满枝头，是叶、花、果兼优的庭园树，宜在阶前、庭前、亭旁、墙隅等处种植。也可盆栽。

山茶

别名：山茶花、茶花、耐冬、曼陀罗
科属名：山茶科山茶属
学名：*Camellia japonica*

形态特征

灌木或小乔木，高可达 15m。树皮平滑，无毛。叶卵形至椭圆形，顶端钝尖或锐尖，基部圆形至宽楔形，有细锯齿，表面暗绿色，有光泽，背面淡绿色，平滑无毛，干后带黄色。花单生或对生于叶腋或枝顶，花近于无柄，大红色，花瓣 5~6 枚，栽培种有白、玫瑰红、淡红等色，且多重瓣，顶端有凹缺。蒴果球形。种子近球形或有角棱，深褐色。花期 4~5 月，果熟期 9~10 月。常见的品种有亮叶金心、何朗粉、小松子、金盘荔枝、凤仙、硬枝花芙蓉等。

适应地区

原产于我国浙江、江西、四川和山东等地，已有 1400 年的栽培历史。我国中部及南方各省露地多有栽培，北部则行温室盆栽。

生物特性

喜半阴，也耐阴，忌阳光直射。喜温暖气候，适温为 18~25℃。喜空气湿度大，忌积水，排水不良时会引起根系腐烂。喜肥沃、疏松、pH 值为 5.5~6.5 的微酸性土壤。

繁殖栽培

可用扦插、嫁接、压条、播种和组织培养等方法繁殖，但以扦插、嫁接为主。扦插繁殖，以 6~7 月为适期，30 天左右可生根。嫁接繁殖，主要有靠接、切接和芽苗接，砧木多选用油茶或单瓣山茶。施肥要掌握 3 个关键时期，即 2~3 月施以氮肥为主的追肥，5~6 月施以磷肥为主的液肥，10~11 月施以钾肥为主的追肥。主要病害有茶花炭疽病、茶花饼病等，常见虫害有红蜘蛛及多种分壳虫类。

山茶花特写

山茶花特写

景观特征

株形美观，枝叶茂密，叶色翠绿，花色美丽，各品种自秋至春花开数月，被赞为"雪里开花至春晚，世间耐久孰如君"。其与迎春、梅花、水仙一起并称为"雪中四友"。

园林应用

山茶是世界闻名的观赏树种，也是中国十大名花之一，宜规则或有计划地丛植于林缘，也可围植于池边、塘边，还可布置于建筑物南面暖处或于庭园列植布置空间。

山茶花特写

山茶绿篱

配合围墙造型营造的山茶绿篱

山茶绿篱

中文名	学名	形态特征	园林应用	适应地区
杨妃茶	*Camellia uraku*	灌木或小乔木，高约 5m。树皮黄灰褐色，枝直立或斜展。叶椭圆形，有光泽，背面黄绿色，缘具锐疏锯齿。花单瓣，粉红色	同山茶花	同山茶花
茶梅	*C. sasangua*	灌木或小乔木。嫩枝有毛。叶片革质，互生。花顶生，白色	同山茶花	同山茶花

茶梅枝条

茶梅果枝

茶梅绿篱

紫薇

别名：痒痒树、百日红、满堂红
科属名：千屈菜科紫薇属
学名：*Lagerstroemia indica*

紫薇花序

形态特征

灌木或小乔木，高达 7m。树皮光滑。幼枝 4 棱，稍成翅状。叶互生或对生，近无柄，椭圆形、倒卵形或长椭圆形，顶端尖或钝，基部阔楔形或圆形，光滑无毛或沿主脉上有毛。圆锥花序顶生；花瓣 6 枚，红色或粉红色，边缘皱缩，基部有爪。蒴果椭圆状球形。花期 6~9 月。常见的栽培变种有银薇（cv. alba），叶浅绿色，花白色；翠薇（cv. amabilis），叶翠绿色，花紫堇色或带蓝色；红薇（cv. rubra），小枝微红，花红色。

适应地区

我国华东、华中、华南及西南地区均有分布，各地普遍栽培。

生物特性

喜光，略耐阴。喜温暖、湿润气候，有一定抗寒力和耐旱力。喜肥沃、湿润而排水良好的石灰性土壤，不耐涝。开花早，寿命长，萌芽力强，耐修剪。

繁殖栽培

用播种、扦插、分蘖等法繁殖。播种一般春播，实生苗当年便可开花，新老枝甚至老干均能扦插成活。栽培一般于春季施基肥，5~6 月施追肥。早春对枯枝进行修剪，可采取重剪，以促进萌发粗壮而较长的枝条，从而达到满树繁花的效果。在多湿的气候条件下，病虫害有煤污病、白粉病、蚜虫等。幼树冬季要包草防寒。

景观特征

树姿优美，树干光滑洁净，花色艳丽，开花时正当夏、秋少花季节，花期极长，由 6 月可开至 9 月，故有"百日红"之称，又有"盛夏绿遮眼，此花红满堂"的赞语，魅力十足。

园林应用

紫薇是一种优良的园林应用树种，适宜栽植于庭园内、建筑物前或池畔、路边及草坪等处，也是一种常用的厂矿企业绿化树种。

紫薇花序

紫薇绿篱景观

簕杜鹃

别名：九重葛、毛叶子花、红苞藤
科属名：紫茉莉科叶子花属
学名：*Bougainvillea spectabilis*

形态特征

常绿攀援灌木，高 2~3m。枝条常拱形下垂，具弯刺，枝叶密生柔毛。单叶互生，卵形或卵状椭圆形，先端渐尖，基部圆形至广楔形，全缘，表面无毛，背面幼时疏生短柔毛。花顶生，常 3 朵簇生，各具 1 片叶状大苞片，鲜红色，椭圆形；花被管长 1.5~2cm，淡绿色，疏生柔毛，顶端 5 裂。瘦果有 5 棱。花期 11 月至翌年 6 月。品种繁多，有金边杜鹃（cv. Lateritia Gdd）、砖红杜鹃（cv. Lateritia）。

适应地区

中国各地均有栽培。

生物特性

喜阳光充足，不耐阴，属短日照植物，在长日照的环境下不能进行花芽分化。对寒冷的耐受性差，在 15~30℃的温度范围内生长良好。喜湿润气候，稍耐干旱，忌水涝。对土壤要求不严，可耐贫瘠，在含矿物质丰富的壤土中生长良好。

繁殖栽培

以扦插、压条进行繁殖，但以扦插为主。室外扦插，夏季成活率高，温室可在 1~3 月进行。取成熟枝条插入沙床，室温为 25~30℃，20~30 天生根。排水、日照条件须良好。在春夏生长旺盛阶段，应每隔半月施一次液体肥。常有叶斑病危害，用 65% 代森锌可湿性粉剂 600 倍液喷洒；虫害有刺蛾和介壳虫危害，用 2.5% 敌杀乳油 5000 倍液喷杀。

景观特征

植株茂密，枝条蔓长，花生枝端，色彩鲜艳，花开时挂满枝头，配以绿叶，无论植于何处，都能给环境带来姹紫嫣红、满园春色的景观。

园林应用

簕杜鹃是一种常见的观赏灌木，常植于花园、街道和庭园中。开花持续时间长，为庭园、围墙和各种栅栏等的优良绿篱材料，又因其耐修剪，可修剪造型。

簕杜鹃绿篱景观

簕杜鹃绿篱景观

簕杜鹃花和枝叶

✻ 园林造景功能相近的植物 ✻

中文名	学名	形态特征	园林应用	适应地区
光叶簕杜鹃	*Bougainvillea glabra*	常绿藤本，枝条可长达10m以上。叶片有光泽。苞片有紫红色、鲜红色和玫瑰红色	耐寒能力强，其他同杜鹃	我国长江流域以南地区均可露地栽培

簕杜鹃修剪造型

光叶簕杜鹃绿篱景观

簕杜鹃绿篱景观

连翘

别名：黄寿丹、黄金条、黄绶带
科属名：木犀科连翘属
学名：*Forsythia suspensa*

形态特征

落叶灌木，高 2~4m。枝条下垂，四棱形，髓心中空。叶对生，卵形至椭圆状卵形，先端锐尖，边缘有锯齿，一部分形成羽状三出复叶。花先叶开放，单生于叶腋；花萼 4 深裂；花冠金黄色，4 裂，内有红色条纹；雄蕊 2 枚，着生于花冠筒基部。蒴果卵圆形，表面散生瘤点。花期 3~5 月，果期 7~8 月。变种有垂枝连翘（var. *sieboldii*），枝较细而下垂，通常可匍匐地面，而在枝梢生根，花冠裂片较宽，扁平，微开展；三叶连翘（var. *fortunei*），叶通常为 3 小叶或 3 裂，花冠裂片窄，常扭曲。

连翘花枝

中即可。压条更为简单，将柔软下垂的枝条直接埋入土中便能长根，之后剪下来种植即可。选作绿篱应用时可用袋装苗，按每平方米 16~25 株的密度种植，种后修剪整齐。管理粗放，生长季节应经常修剪枝条，以维持良好的株形。

适应地区

原产于我国华东、华中、西南等地，河北、山东、山西、四川、云南、河南、陕西、甘肃、江苏、湖北、贵州等地也有分布。

生物特性

亚热带至温带树种，喜阳光，也耐阴，长江以南地区露地可越冬。喜湿润，耐干旱，怕涝。耐瘠薄，对土壤要求不严，但喜生于深厚、肥沃的钙质土壤。

景观特征

植株枝条柔软潇洒，叶色浓绿，早春先叶开花，满枝金黄，艳丽可爱，是早春优良的观花灌木，可融化天气的寒冷，活跃气氛。

园林应用

适宜于宅旁、亭阶、墙隅、篱下与路边列植，也宜于溪边、池畔、岩石、假山下配置。因根系发达，又可作护堤树栽植。

繁殖栽培

可用扦插或压条法繁殖。扦插在春季进行，剪取长 10~15cm 的枝条，直接插入育苗袋

＊园林造景功能相近的植物＊

中文名	学名	形态特征	园林应用	适应地区
金钟花	*Forsythia viridissima*	常落叶灌木。小枝四棱形，髓薄片状。单叶对生，椭圆状矩圆形。花先叶开放，1~3 朵腋生，黄色。蒴果卵圆状	同连翘	同连翘
东北连翘	*F. mandshurica*	落叶灌木。枝条直立，幼枝黄绿色。单叶对生，叶片广卵形或椭圆形。花 1~6 朵腋生，黄色，花冠 4 深裂。蒴果卵圆形	同连翘	同连翘

金钟花花序

连翘景观

东北连翘枝叶

金钟花绿篱

金钟花景观

龙船花

别名：山丹
科属名：茜草科龙船花属
学名：*Ixora chinensis*

形态特征

常绿灌木，高 2~3m。嫩枝方形。叶对生，全缘，椭圆状卵形或矩圆状倒卵形；叶柄短。花为聚伞花序，朱红色。浆果，球形或近球形，熟时黑红色，但结果较少。花期很长，几乎整个夏季都有花。

适应地区

原产于我国广东、广西、福建、台湾及东南亚各地。上述地区可露地栽植。在广东等地的山地丘陵疏林下很常见。

生物特性

龙船花为热带树种，喜光，也耐半阴。喜温暖、湿润的气候。对土壤要求不高，但是疏松、肥沃、含腐殖质丰富的土壤生长最好。

繁殖栽培

主要用扦插育苗。一般于春季进行，剪取枝段长 10~20cm 的植株，插穗可以是枝段，也可以是带顶芽的尾段，直接插入育苗袋中，适当遮阴，很容易出根。作绿篱应用时一般选用 3 斤袋或 5 斤袋苗，按 30cm×40cm 的株行距种植，种植后要修剪整齐。龙船花在肥水管理跟不上时生长势较差，景观效果

龙船花绿篱

差，因此在生长季节应加强肥水管理，使植株壮旺，才能多开花。修剪一般安排在开花后进行。

景观特征

聚伞状花序，花球很大，颜色深红，花色漂亮，花期长，是很好的花灌篱树种。

园林应用

常丛植或作为绿篱应用，也适宜盆栽观赏。

* 园林造景功能相近的植物 *

中文名	学名	形态特征	园林应用	适应地区
红龙船花	*Ixora coccinea*	常绿灌木。叶卵形或椭圆形，叶面光亮。花橙红色，盛夏开花，花团锦簇，花色艳丽	常用于盆栽，也可丛植或作绿篱应用	我国广东、海南、台湾、香港、澳门等地适宜露地栽培
黄龙船花	*I. coccinea* var. *lutea*	常绿灌木。叶卵形或椭圆形。花黄色，盛夏开花	常用于盆栽，也可丛植或作绿篱应用	我国广东、海南、台湾、香港、澳门等地适宜露地栽培

龙船花花序 ▷

红龙船花花序

红龙船花绿篱景观

红龙船花绿篱景观

红龙船花绿篱景观

锦带花

别名：海仙花、五色海棠、锦带、文官花
科属名：忍冬科锦带花属
学名：*Weigela florida*

形态特征

落叶灌木，高 3m。枝条开展，幼枝有两行柔毛。叶对生，柄短或近无柄，叶椭圆形或卵状披针形，先端渐尖，基部圆形或楔形，边缘有锯齿，叶面脉上有毛，叶背有柔毛，脉上尤密。花冠漏斗状钟形，裂片 5 枚，圆形开张，花冠筒中部以下变窄，外部玫瑰红色，内部稍浅；雄蕊 5 枚，萼片 5 枚，披针形，下半部连合。蒴果柱状，光滑。种子无翅。花期 4~6 月，果期 10 月。品种有花叶锦带花（cv. Variegata），叶具有金黄色斑纹。

适应地区

原产于我国东北、华北、华南各省。多生于海拔 1000~1450m 的杂木林下、林缘或灌丛中。

生物特性

适应性强，喜阳光充足、温暖的环境，耐寒。对土壤的要求不高，能耐瘠薄，但以深厚、湿润而富腐殖质的土壤为宜，怕水涝。对氯化氢抗性较强。萌芽力、萌蘖性强，生长迅速。

繁殖栽培

分株、扦插或压条繁殖。可在早春结合移栽分株。2~3 月用一年生的成熟枝条于露地扦插，或于 6~7 月采用半木质化的嫩枝在阴棚下扦插。栽培容易，生长迅速，病虫害少，花开于 1~2 年生枝上。花后如及时摘除残花序，

锦带花景观

可增加美感，并能促进枝条生长。早春发芽前施一次腐熟堆肥，则可年年开花茂盛。

景观特征

枝长花茂，灿如锦带。宋代杨万里有诗云"天女风梭织露机，碧丝地上茜栾枝，何曾系住春皈脚，只解萦长客恨眉"。形容锦带花似仙女以风梭露机织出的锦带，枝条细长柔弱，缀满红花，尽管花美留不住春光，却留得像镶嵌在玉带上宝石般的花朵供人欣赏。

园林应用

锦带花常植于庭园角隅、公园湖畔，也可在林缘、树丛边做自然式绿篱和花篱，若点缀在山石旁或植于山坡，也颇为相宜。

＊园林造景功能相近的植物 ＊

中文名	学名	形态特征	园林应用	适应地区
海仙花	*Weigela coraeensis*	落叶灌木。枝条粗壮，小枝平滑无毛。叶对生。聚伞花序有花 2~3 朵，花冠钟形，红色。蒴果	同锦带花	产于中国华东地区

花叶锦带花序特写

锦带花景观

锦带花景观

海仙花绿篱

夹竹桃

别名：红花夹竹桃、柳叶桃
科属名：夹竹桃科夹竹桃属
学名：*Nerium oleander (indicum)*

形态特征

灌木或小乔木，高 5m。植株含乳汁状树液。枝顶部的叶片轮生状，下部的叶片互生，叶竹叶状长条形，厚革质，有光泽。花为聚伞花序，着生于枝顶；花冠漏斗状，花瓣粉红、黄、白等色。花期全年，果冬季成熟。品种有白花夹竹桃（*Nerium oleander* cv. Album），花白色；桃红夹竹桃（*Nerium oleander* cv. Roseum），花桃红色；重瓣夹竹桃（*Nerium oleander* cv. Plenum），花重瓣。

适应地区

我国华南各省区均可应用。

生物特性

喜光，喜温暖、湿润的气候以及疏松、肥沃、排水良好的土壤，耐盐碱，但不耐寒。在广东地区，夹竹桃是一个粗生快长的树种。

繁殖栽培

主要用扦插繁殖。每年春、夏季，将夹竹桃植株的枝条剪成 15~20cm 段长，直接插入育苗袋中，淋透水，盖上遮阴网，一个月左右便出根，再经 2~3 个月的栽培便成为绿化用苗。植株比较高大，种植时株距应适当加大，一般宜达到 100cm 以上。栽培管理较为简单，按常规肥水管理即可，每年春季可以进行一次重剪，调整植株的高度与阔度（冠幅），其后一般不用修剪，使植株能多开花。

景观特征

花期长，花色艳丽，植株形态潇洒，栽培管理粗放，是一个很好的绿化树种。

园林应用

常用于丛植，做观花灌木，也常列植作为高篱，起到遮阴、隔离的作用。

夹竹桃绿篱景观

夹竹桃花序

＊园林造景功能相近的植物 ＊

中文名	学名	形态特征	园林应用	适应地区
黄花夹竹桃	*Thevetia peruviana*	灌木，高 2~3m。叶狭长条形，互生。花黄色	同夹竹桃	同夹竹桃

夹竹桃绿篱景观

夹竹桃绿篱景观

斑叶夹竹桃枝叶

黄花夹竹桃花序

锦绣杜鹃

别名：毛鹃、大叶杜鹃
科属名：杜鹃花科杜鹃花属
学名：*Rhododendron pulchera*

形态特征

常绿灌木，高 2m。分枝稀疏，幼枝密生淡棕色扁平伏毛。叶纸质，二型，椭圆形至椭圆状披针形或矩圆状倒披针形，长 2.5~5.6cm，宽 8~18mm，顶端急尖，有凸尖头，基部楔形，初有散生黄色疏伏毛，以后上面近无毛；叶柄长 4~6mm，有和枝上同样的毛。花 1~3 朵顶生于枝端；花梗长 6~12mm，密生稍展开的红棕色扁平毛，花萼大，5 深裂，裂片长约 8mm，边缘有细锯齿和长睫毛，外面密生同样的毛；花冠宽漏斗状，径约 6cm，裂片 5 枚，宽卵形，蔷薇紫色，有深紫色点；雄蕊 10 枚，花丝下部有柔毛；子房有密糙毛，花柱无毛。蒴果矩圆状卵形，长约 8mm，有糙毛和宿存萼。花期 2~4 月，果期 9~10 月。

锦绣杜鹃绿篱

施足基肥以促花。夏、秋季修剪时仅将枯枝黄叶剪去，保持适当的密度即可，花后可以用绿篱机规则修剪一次，促进其发芽及生长整齐。

适应地区

产于我国华中地区及台湾等地。

生物特性

喜温暖至凉爽的气候，喜湿润的环境，对干旱的耐受性差，但忌涝。宜栽植于排水良好的微酸性土壤中。

繁殖栽培

扦插、压条繁殖。一般于春、夏季进行。新植绿篱可用袋苗，按常规种整齐。夏、秋季

景观特征

株形美观，枝繁叶茂，幼枝和幼叶密生伏毛，给人以绒绒初生之感。花朵漏斗状，色彩鲜艳而不庸俗，盛花时节满目紫红色，喜悦之情跃然而生。

园林应用

是一种重要的园林造景植物，可做绿篱植于居家、庭园的围墙外，或假山、池畔周围点缀，也可植于林缘。

＊园林造景功能相近的植物 ＊

中文名	学名	形态特征	园林应用	适应地区
白花杜鹃	*Rhododendron mucronatum*	高 1~2m。幼枝有灰柔毛或腺毛。叶二型，春叶早落；夏叶长圆状披针形。花有香气，纯白色，有时淡蔷薇色或有条纹等。蒴果	同锦绣杜鹃	同锦绣杜鹃

白花杜鹃花特写

锦绣杜鹃绿篱

白花杜鹃绿篱

锦绣杜鹃绿篱

杜鹃花

别名：映山红、山石榴、山踯躅、山鹃
科属名：杜鹃花科杜鹃花属
学名：*Rhododendron simsii*

形态特征

常绿灌木或落叶灌木。分枝多，枝细而直。叶互生状簇生于枝顶，长椭圆状卵形，先端尖，表面深绿色，疏生硬毛，背面淡绿色，全缘，极少有细锯齿，革质或纸质。花顶生、侧生或腋生，单花、少花或20余朵集成总状伞形花序，先叶开花或后于叶；花冠显著，漏斗形、钟形、辐射状钟形、碟形至碗形或管形，4~5裂，也有6~10裂的；花色丰富多彩。有几个栽培变种，分别是彩纹杜鹃（var. *vittatum*）、白杜鹃（var. *eriocarpum*）、紫斑杜鹃（var. *mesembrinum*）。

适应地区

原产于我国长江流域、珠江流域各省区，南至广东，北至长白山，海拔自丘陵至高山都有野生分布。非常适合低山丘陵地区绿化应用。

生物特性

喜湿润环境，忌酷热、干燥。对光有一定要求，但不耐暴晒，一般于春、秋二季抽梢。喜凉爽气候，最适宜的生长温度为15~25℃，冬季有短暂的休眠期。喜富含腐殖质、疏松、湿润、pH值为5.5~6.5的酸性土壤。

繁殖栽培

一般可用分株法，将大丛的植株分成小丛栽植。绿篱用苗一般采用扦插法，于每年花后进行，剪取枝条尾段10~15cm，下端蘸上用

杜鹃枝叶特写

500ppm的吲哚丁酸调开的黄泥浆后直接插入育苗袋中，一般半年可成苗。做绿篱时株行距可用40cm×40cm的规格，用5斤袋苗，按常规种整齐。为了使其能多开花，夏、秋季要施足基肥。每年花后可以用绿篱机规则修剪一次，促进其发芽及生长整齐。

景观特征

花繁叶茂，绮丽多姿，每年春季花团锦簇，一片春意，满山鲜艳像彩霞绕林。白居易曾赞其"闲折二枝持在手，细看不似人间有，花中此物是西施，芙蓉芍药皆嫫母。"

园林应用

杜鹃花是丘陵地带营造观光风景区非常好的植物，宜在林缘、溪边、池畔及岩石旁列植，是花篱的良好材料。

﹡园林造景功能相近的植物﹡

中文名	学名	形态特征	园林应用	适应地区
黄杜鹃	*Rhododendron molle*	落叶灌木，高1m。叶长椭圆形或披针形。花金黄色，4~5月间开放	同杜鹃花	江苏、浙江、江西、安徽、湖南、湖北、福建等地

杜鹃花特写

杜鹃绿篱景观

杜鹃绿篱

杜鹃绿篱景观

软枝黄蝉

别名：大花有明藤
科属名：夹竹桃科黄蝉属
学名：*Allamanda cathartica*

大花软枝黄蝉
花枝

形态特征

常绿灌木。枝长而软，长达4m，向下俯垂。叶近无柄，3~4片轮生或有时对生，披针形或倒披针形，两端均渐狭，背脉被毛。花具短柄；萼齿绿色，披针形；花冠长7~10cm，裂片卵形或矩圆状卵形，广展，先端浑圆，黄色。蒴果球形，满被长刺。种子扁平，黑色。花期4~8月。栽培品种较多，常见的有毛枝软枝黄蝉（cv. Williamsii），枝及叶两面被毛，花较小，红褐色；矮生软枝黄蝉（cv. Grandifolra），矮生，枝密集，枝细，花棕黄色；紫茎软枝黄蝉（cv. Nobilis），小枝紫色，被毛，花鲜黄色，基部有白色斑点；条纹软枝黄蝉（cv. Schottii），花甚大，喉部深黄色并有条纹；大花软枝黄蝉（var. *hendersonii*），花大，黄色。

适应地区

我国福建、广东、广西、云南、台湾有露地栽培。

生物特性

喜湿润、阳光充足的环境。喜温暖至高温，最适温度为22~30℃。喜疏松、肥沃、排水良好的土壤。生长快，粗生，其白色体液有毒。

繁殖栽培

主要用扦插繁殖。于春季惊蛰进行，将枝条剪成15~20cm段长，直接插入育苗袋中，约1个月便出根。再经2~3个月的培育便成绿化用苗。园林绿化一般用袋装苗，种植的株行距为40cm×40cm，种植后修剪整齐。栽培管理粗放，充足的肥水管理有利于植株的生长与开花。

大花软枝黄蝉绿篱景观

大花软枝黄蝉绿篱景观

景观特征

株形美观，花期长，花多色艳，夏季最盛，依次成对开放，单朵花期4~5天，金黄的花朵在浓绿枝叶的衬托下非常抢眼，引人注目。

园林应用

是重要的景观植物，可用于花篱和绿篱栽培，于栏杆边、矮墙下、小径旁列植，或作建筑物前的绿篱应用。

印度杜鹃

别名：皋月杜鹃、川鹃、夏鹃
科属名：杜鹃花科杜鹃花属
学名：*Rhododendron indicum*

印度杜鹃
花特写

形态特征

常绿灌木，高达 1.8m。多分枝而展开。叶厚而有光泽，披针形、椭圆形至倒披针形，长达 3.8cm，缘有细圆齿，两面有红褐色粗伏毛。花冠广漏斗形，红色，长 3~4cm，有深红色斑，雄蕊 5 枚。蒴果，胞间开裂，5 裂片。花期 5~6 月。

适应地区

我国西南地区有应用。

生物特性

喜湿润、温凉，忌干燥酷热，最适宜生长温度为 15~25℃，气温超过 30℃或低于 5℃则生长缓慢或停止生长。喜光，但不耐暴晒。喜富含腐殖质、疏松、湿润、pH 值为 5.5~6.5之间的酸性土壤。

繁殖栽培

分株繁殖为主，将大丛的植株分成小丛栽植。绿篱用苗一般采用扦插法，一般半年可成苗。种植绿篱时株行距规格可用 40cm×40cm，

印度杜鹃绿篱景观

袋苗按常规种整齐。夏、秋季进行简单修剪，仅将枯枝黄叶剪去，花后可以规则修剪一次。

景观特征

花繁叶茂，绮丽多姿，花团锦簇，鲜艳夺目，是良好的观花绿篱植物。

园林应用

园林应用极为广泛，除做绿篱外，常丛植、片植或配置作植物造景之用。

印度杜鹃绿篱景观

印度杜鹃绿篱景观

第三章

芳香类绿篱

造景功能

芳香类绿篱植物除具有普通绿篱的景观功能外，还能散发各种不同的芳香气味，更能清新空气，给人以舒适的享受。芳香植物是兼有观赏植物、药用植物和天然香料植物共有属性的植物类群。芳香类绿篱现在越来越受到园林工程师的青睐。

水蜡树

别名：水蜡
科属名：木犀科女贞属
学名：*Ligustrum obtusifolium*

水蜡树果特写 ▷

形态特征

落叶或半常绿灌木，高3m。树冠圆球形；树皮暗黑色。多分枝，成拱形，幼枝有柔毛。单叶对生，纸质，椭圆形或矩圆状倒卵形，先端钝，有时尖或微凹，上面有短柔毛或无毛，下面沿中脉有明显柔毛；叶柄密被短柔毛。圆锥花序顶生，略下垂；花梗及萼片具短柔毛；花白色，芳香，筒部比裂片长2倍。核果椭圆形，黑色，稍被蜡状白粉。花期6月，果期8~9月。变种有金边细叶水蜡（*Ligustrum obtusifolium* var. *aureo-marginatum*）。

适应地区

山东、河南、河北、江苏、安徽、湖南、江西、辽宁等省均有栽培。

生物特性

喜光，稍耐阴，较耐寒。耐干旱，耐瘠薄，对土壤要求不严，但喜肥沃、湿润的土壤。生长快，萌芽力强，耐修剪，易移栽。抗多种有毒气体，是优良的抗污染树种。

水蜡树绿篱景观

繁殖栽培

可用播种和扦插繁殖。种子播种前需催芽，用干净冷水浸泡2~3天，每天换水，然后用0.5%高锰酸钾溶液消毒4小时，混于干净湿河沙，保持60%湿度，置于10~20℃温度环境中，40天后可冒芽。做绿篱通常用1~2年生苗栽植，株距10~15cm，行距15~20cm，栽后剪矮，干高保持在10~15cm，成活后经常修剪。性强健，抗病虫害。

景观特征

枝叶繁茂，经常修剪则平整、整齐，成绿色带状。修剪少则枝条呈拱形，圆润有型。生长旺盛时，叶色嫩绿，生机勃勃。

园林应用

其枝叶紧密、圆整，落叶晚，主要在庭园小径两边、建筑物小绿化带周围栽植，也可丛植于庭园水池一角或假石山旁作观赏点缀用。

水蜡树绿篱景观

云南黄素馨

别名：云南迎春
科属名：木犀科茉莉属
学名：*Jasminum mesnyi*

云南黄
素馨花▷
特写

形态特征

常绿半蔓性灌木。枝条柔软，长枝拱形下垂，绿枝四棱形。叶对生，3 片小叶组成复叶，中间的一片较大，小叶卵形至矩圆状卵形，长 1~3cm，顶端凸尖，平滑无毛。花单生于叶腋，有香气，直径 3~4cm，有叶状苞片和萼片，单瓣或重瓣，花冠黄色，具暗色斑点，花瓣较花筒长，高脚碟状，花冠 6 裂。3~4 月开花，花期延续很久。

适应地区

原产于中国云南，现国内外广泛栽培。

生物特性

喜温暖和充足阳光，怕严寒和积水，稍耐阴，较耐旱，要求空气湿润。以排水良好、肥沃的酸性砂壤土最好。

繁殖栽培

以扦插为主，也可用压条、分株繁殖。扦插春、夏、秋季均可进行，剪取半木质化的枝

云南黄素馨绿篱

条 12~15cm，插入沙土，保持湿润，约 15 天生根。在春季移植，移植时需截除部分枝干，需带宿土。生长过程中，注意土壤不能积水和过分干旱，开花前后适当施肥 2~3 次。秋冬季节应修剪整形，保持株新花多。常有叶斑病和枯枝病发生，可用 50% 退菌特可湿性粉剂 1500 倍液喷洒。虫害有蚜虫和大衰蛾为害，用 50% 辛硫磷乳油 1000 倍喷杀。

景观特征

四季常青，枝条长而柔软，下垂或攀援，碧叶黄花，艳丽可爱。用做绿篱，绕水池一圈或绕小花园一圈，春来新枝萌发、黄花绽放，一片郁郁葱葱、繁花似锦的景象。

园林应用

最宜植于水边驳岸，细枝拱形下垂，水面倒影清晰，或植于路缘、坡地及石隙等处均极优美。适合花架、绿廊、蔓篱、屋顶、阳台或高地悬垂缘栽。

云南黄素馨花枝

云南黄素馨绿篱

云南黄素馨绿篱

云南黄素馨景观

云南黄素馨景观

云南黄素馨景观

云南黄素馨景观

山指甲

别名：小叶女贞、小蜡树
科属名：木犀科女贞属
学名：*Ligustrum sinense*

形态特征

常绿灌木，高约 2m。小枝柔软，密生短柔毛，小枝有明显的皮孔。单叶对生，薄革质，小叶椭圆形，先端锐尖或钝，基部圆形或阔楔形，灰绿色，叶下面有短柔毛。花小，白色；花梗明显；圆锥花序生于枝顶；花冠筒比花冠裂片短，雄蕊超出花冠裂片。核果近球形，11 月成熟，成熟时黑紫色。花期春、夏季。品种有花叶山指甲（*Ligustrum sinense* cv.Variegatum）。

山指甲绿篱

适应地区

原产于长江流域以南各省，江苏、安徽、浙江、四川、云南、广东、广西、福建、海南等省区均适宜种植。

生物特性

喜阳光充足，也耐半阴。粗生，耐瘠薄，对土壤要求不严。发芽能力强，易移植，能抗二氧化硫等多种有毒气体。

繁殖栽培

可用播种及扦插繁殖。播种于种子成熟后进行，即采即播，播种后苗床要盖草保湿，幼苗出土时及时揭草。扦插于春季进行，直接将插穗插在育苗袋中，按常规管理，很容易出根。一般用 3 斤袋苗来种植，每平方米种25 株左右。种后修剪整齐，按常规管理，每月施肥一次，并经常修剪，保持良好的景观。

✱ 园林造景功能相近的植物 ✱

中文名	学名	形态特征	园林应用	适应地区
金边小腊树	*Ligustrum ovalifolium* cv. Aureum	常绿灌木。叶边缘鲜黄色，中央部分绿黄色	可作盆栽观赏，或绿篱应用	同山指甲
白缘卵叶女贞	*L. ovalifolium* cv. Allomarginatum	常绿灌木。叶边缘银白色	可作盆栽观赏，或绿篱应用	同山指甲
小叶女贞	*L. quihoui*	落叶小乔木。叶长椭圆形，全缘，对生	宜做绿篱或丛植	同山指甲
日本女贞	*L. japonicum*	常绿灌木或小乔木。嫩枝有短柔毛，叶中脉及叶边缘带红晕	宜做绿篱、丛植或盆栽观赏	同山指甲
长叶山指甲	*L. sp.*	常绿灌木。叶狭倒披针形，小枝无毛	同山指甲	同山指甲

山指甲花序

景观特征

枝叶密集，四季常绿，生长快，耐修剪，很容易修剪成各种绿色雕塑。其叶片颜色灰绿、协调，是塑造特定景观极好的材料。

园林应用

性强健，叶色雅逸、质感佳，主要用做绿篱、花坛，可于花槽栽植，修剪成形，强调色彩等，在各式庭园单植、列植、群植均较美观。较大的树桩也可以修剪成盆景，是广东岭南盆景可选的树种之一。

长叶山指甲果序

花叶山指甲枝叶

日本山指甲枝叶

日本女贞绿篱

迎春

别名：金腰带、金梅
科属名：木犀科茉莉属
学名：*Jasminum nudiflorum*

形态特征

落叶灌木，高2~3m。枝干丛生，灰褐色，小枝绿色、细长，呈拱形，四棱形。叶对生，三出复叶，小叶卵形至矩圆形，端急尖，全缘，边缘有短毛，叶背灰绿色。花单生，黄色，花冠通常6裂，外缘有红晕，有叶状狭窄的绿色苞片。花期3月，先叶开放。

适应地区

产于中国北部和西南部，分布于辽宁、河北、陕西、山东、山西、甘肃、江苏、湖北、福建、四川、贵州、云南等省。

生物特性

适应性强，为温带树种。喜光，略耐阴。喜温暖、湿润的环境，耐寒，可耐-15℃低温。耐旱，但怕涝，耐空气干燥。对土壤的要求不高，耐瘠薄，在微酸性土、轻盐碱土上均能生长，但在肥沃、湿润而排水良好的中性土壤中生长最好。萌芽、萌蘖力强，耐修剪。

繁殖栽培

以扦插为主，也可分株、压条繁殖。硬枝、嫩枝均可扦插，极易生根成苗。其枝端着地易生根，在多雨季节，最好能用棍棒挑动着地的枝条几次，以免影响株丛整齐。花在2年生枝上，故须在花后修剪，勿落叶后修剪。为得到独干直立树形，可用竹竿扶持幼树，使其直立向上生长，并摘去基部的芽，待长到所需高度时，摘去顶芽，使形成下垂之拱形树冠。

景观特征

迎春花是珍贵的早春花木之一，与梅花、水仙、山茶合称"雪中四友"。迎春花长条披

迎春枝条特写

迎春绿篱景观

垂，先叶开花，不仅驱散了寒冬的满园寂寥，向人们传递着春天的喜讯，而且秀气典雅，先百花迎春却从不炫耀，历来是文人喜爱咏物寄情的花卉。

园林应用

早春先叶开花，长枝披垂，南方可与蜡梅、山茶、水仙同植一处，构成新春佳景；与银芽柳、山桃同植，早报春光；种植于碧水萦回的柳树池畔，增添波光倒影，为山水生色。其也可栽植于路旁、山坡及窗下墙边，作花篱密植，或做开花地被，或植于岩石园内，观赏效果均好。

浓香探春花特写

迎春绿篱景观

浓香探春花枝

浓香探春绿篱景观

女贞

别名：蜡树、将军树
科属名：木犀科女贞属
学名：*Ligustrum lucidum*

形态特征

常绿大灌木或小乔木，高可达 10m。树冠广卵形。叶对生，革质，全缘，卵形或卵状披针形，先端尖，基部圆形，上面深绿色，有光泽。花小，芳香，密集成顶生的圆锥花序；花萼钟状，4 浅裂；花冠白色，漏斗状，4 裂，筒和花萼略等长；雄蕊 2 枚；子房上位，柱头 2 浅裂。核果长椭圆形，微弯曲，熟时紫蓝色，带有白粉。花期 6~7 月，果期 8~12 月。

适应地区

原产于我国长江流域及其以南地区。

生物特性

生性强健，喜光照，稍耐阴。喜温暖、湿润的环境，有一定耐寒性，在 0℃低温下仍能保持叶色翠绿。在肥沃、排水性好的微酸性土壤生长迅速，中性、微碱性土壤也能生长。抗多种有害气体，耐修剪。萌芽力强，适应范围广。

女贞绿篱景观

女贞花枝

繁殖栽培

可用种子繁殖，也可插条繁殖，成活率很高。早春播种前，先湿沙层积 60 天左右。播种后覆土 1~1.5cm，一般 4 月中旬开始发芽出苗，1 年生苗高达 40~60cm，可出圃做绿篱。取一年生幼树丛植或列植可做绿篱，供绿篱栽植的苗，离地面 15~20cm 处截干，促进侧枝萌发。移植时预埋基肥，以农家肥（如稻草、猪粪等）效果较好，栽后浇透水即可，极易成活。成活后，适应性强，病虫害少，无需特别管理，只需适当修剪即可。

景观特征

树皮灰褐色，光滑不裂。叶卵形，革质有光泽，寒冬青翠，是温带地区不可多得的常绿阔叶树。树干直立或二三干同出，枝斜展，成广卵形圆整的树冠，可栽植为行道树，耐修剪，通常做绿篱。

园林应用

是公园、单位、路旁绿化的优良树种之一。其也耐修剪，嫩枝绿叶，十分好看，可以做绿篱。

女贞果序

女贞绿篱景观

女贞绿篱景观

女贞绿篱景观

桂花

别名：木犀、岩桂、山桂
科属名：木犀科木犀属
学名：*Osmanthus fragrans*

形态特征

常绿乔木，高可达10多米。树皮灰色，不裂。树冠圆形或椭圆形。单叶对生，革质，椭圆形或椭圆状披针形，长5~12cm，先端渐尖，基部楔形，叶全缘或叶边缘有疏锯齿。花小，淡黄色，花梗纤细，聚生于叶腋或顶生聚伞花序，由5~9朵小花组成，清香。9~10月为盛花期。核果，椭圆形，成熟时蓝黑色，种子于翌年5月成熟。绿篱主要采用四季桂（cv. Semperflorens）。

适应地区

原产于我国西南、中南部。我国大部分地区均可栽植，华北、西北及以北地区仅宜盆栽。

桂花绿篱景观

桂花绿篱景观

桂花花枝

桂花绿篱景观

桂花绿篱景观

桂花绿篱景观

生物特性

温带树种，喜温暖、湿润的气候，耐高温而不耐寒。喜中性偏阴的生长环境，一般在半阴之地生长良好。对土壤要求较高，适宜生长在疏松、肥沃、排水良好的砂质壤土上，积水、盐碱地均不适宜栽培。对有害气体二氧化硫、氟化氢有一定的抗性。

繁殖栽培

主要用扦插及压条法繁殖。扦插在春季进行，将插穗剪成 10~15cm 段长，带 1~2 节，插床用黄泥拌沙做基质，插后淋透水，遮阴，约 60 天可出根移植。压条在生长季节进行，将枝条的适当部位刻伤后下压埋入土中，便能发根。绿化用桂花宜选用大袋装苗，种植后淋透水，生长季节适当加强肥水管理，以促进生长。桂花可作疏散高篱使用，一般不用过多修剪，以保持自然的株形，既赏花，又有美化点缀、隔离的效果。病虫害有枯斑病、枯枝病、桂花叶蜂、柑橘粉虱、蚱蝉等。

景观特征

桂花以芳香著称于世，是中国十大传统名花之一，为优良的风景园林树种，也是最早应用的食品香料之一。其树冠圆形或椭圆形，枝叶繁茂，树姿婆娑潇洒；花时芬芳扑鼻，香飘数里，有"桂子月中落，天香云外飘"之美誉，为古今中外人们所喜爱。

园林应用

桂花终年常绿，花期正值仲秋，有"独占三秋压群芳"的美称，园林中常孤植、对植，也可成丛成片栽植，或列植当高篱使用，同时是盆栽观赏的好材料。

含笑

别名：香蕉花、含笑梅、烧酒花
科属名：木兰科含笑属
学名：*Michelia figo*

含笑花枝 ▷

形态特征

常绿灌木或小乔木，高3m。多分枝，植株全身被锈褐色的茸毛。单叶互生，深绿色，倒卵形或椭圆形，全缘，革质。花单生于叶腋，淡黄白色，带紫晕；花被片6片，肉质；雌蕊群无毛，花梗较细长。在阳光明媚的天气，花具浓郁的香蕉香味。花期几乎全年，少结果。

适应地区

原产于福建、广东。我国长江流域到华南各地广泛栽培应用。

生物特性

含笑是中性偏阴的树种，适宜半阴的生长环境。喜温暖、湿润的环境，生长适温为22~28℃。其根系肉质，不耐碱性土，也不耐干

含笑绿篱景观

含笑绿篱景观

燥、瘠薄，要求生长在排水良好的土壤中，不耐积水和浓肥，如水多和肥浓则易烂根。

繁殖栽培

主要采用嫁接的方法繁殖，也可用扦插、压条繁殖。为肉质根，施肥以腐熟稀释的豆饼为好。不宜施人粪尿。含笑经常发生介壳虫危害，还会诱发煤烟病，介壳虫可用小钢刷刷除，药治同其他花木介壳虫防治。煤烟病可喷洒25~30倍液的松脂合剂防治。

景观特征

四季常青，叶色青翠。含笑花常呈半开状，故名"含笑"，是传统的香花树种之一，每到春、夏之交，香气自叶间飘出，馥郁醉人。

园林应用

含笑是中国重要而名贵的园林花卉，常植于江南的公园及私人庭院内。由于其抗氯气，也是工矿区绿化的良好树种。其性耐阴，可植于楼北、树下、疏林旁，或盆栽于室内观赏，有时也作自然稀疏绿篱植物使用。

胡椒木

科属名：芸香科花椒属
学名：*Zanthoxylum pipertum*

胡椒木叶特写

形态特征

落叶灌木。树皮黑棕色，上有瘤状凸起。枝叶密生，枝有刺。奇数羽状复叶，叶基有短刺2枚，叶轴有狭翼，小叶对生，11~19片，卵状披针形，具钝锯齿，革质，叶面浓绿富光泽，全叶密生腺体。聚伞状圆锥花序，雌雄异株，雄花黄色，雌花橙红色，子房3~4个。果红色，椭圆形。种子黑色。花期5月。常见品种为cv. Odorum。

适应地区

除东北地区外，我国各地均可栽培应用。

生物特性

喜光，喜温暖、湿润气候，较耐寒，但是怕严寒，生长适温为18~25℃。耐旱，对土壤要求不严，但忌积水之地，以疏松、肥沃的土壤生长较好。较耐修剪。

胡椒木绿篱景观

繁殖栽培

主要用播种繁殖，一般宜即采即播。由于种壳坚硬，播种前最好用碳酸钠浸泡处理以软化种壳。处理后的种子直接点播在育苗袋中。也可用扦插、高压法繁殖，春季为适期。作绿篱应用时宜选用袋苗，株行距为40cm×40cm，种植后修剪整齐。栽培地光照要充足，光照充足则叶、花、果均鲜艳。值得注意的是种植地宜选择排水好的地方。植篱封行后应经常修剪，以维持良好的景观。

景观特征

枝叶密集，有特殊的香味，将叶片轻揉，浓烈的胡椒香味扑鼻而来，相当刺激。叶片油亮闪耀，感觉生机盎然，充满朝气。夏天果实累累，鲜艳夺目，非常漂亮。

园林应用

在园林中可丛植、列植，也可作绿篱植物使用。全株具浓烈胡椒香味，枝叶青翠适合作整形、庭植美化。盆栽观赏，也非常可爱。

胡椒木绿篱景观

九里香

别名：七里香、月桔
科属名：芸香科九里香属
学名：*Murraya paniculata*

形态特征

常绿小灌木。全株光滑无毛。枝叶密集，小枝灰白色。叶互生，奇数羽状复叶，小叶 3~7 片，卵形至倒卵形，全缘，表面有光泽。花序伞房状，顶生或腋出，萼瓣各 5 枚；花冠白色，花香浓郁，能传扬甚远，故有七里、十里乃至千里香之名；雄蕊 10 枚，5 长 5 短。浆果球形，成熟后深红色，径约 1cm，果实成熟后可食用。花期初夏至初冬。

适应地区

我国南部地区有分布，适宜在我国南方栽培。

生物特性

稍耐阴，要求阳光充足。喜温暖、湿润的气候，不耐寒。耐旱，但不耐水湿。喜土层深厚、肥沃、疏松和排水良好的土壤。根系发达，萌芽力强，耐修剪。

繁殖栽培

主要用播种育苗，于春季种实成熟时及时采收，将果皮搓洗干净后进行播种。可直接播

九里香花及枝叶特写

在育苗袋里，或将种子播在苗地里，约半个月便整齐发芽，待苗高 30~50cm 时即可移栽。做绿篱一般用 3 斤袋或 5 斤袋苗，每平方米种植 25 株，栽培处应光照充足，种后修剪整齐，淋透水。九里香好肥，平时应加强肥水管理，生长旺季可月施稀薄饼肥或复合肥料，以促进生长，保持叶片深绿。生长季节经常修剪，以维持整齐的景观造型。常见有蚜虫、钻心虫，注意防治。

九里香绿篱景观

九里香绿篱景观

九里香花及枝叶特写

景观特征

树姿优美，四季常青，枝条柔韧，清新飘逸；开花时节，花朵细小，花数繁多，花瓣洁白，清香四溢；花后硕果累累，琳琅满目，生者碧绿，熟者鲜红，整个植株都具有较高的观赏价值。

园林应用

九里香开花香气宜人，南方可作绿篱栽植，可列植，也可修剪整形，或作建筑物的基础栽植，北方则适合室内盆栽观赏。

九里香绿篱景观

九里香绿篱景观

四季米兰

别名：树兰
科属名：楝科米仔兰属
学名：*Aglaia duperreana*

四季米兰花枝 ▷

形态特征

常绿灌木或小乔木。茎多小枝，幼枝绿色，具许多白色气孔，幼枝顶部及幼叶叶柄具稀疏锈色茸毛。奇数羽状复叶长 4~9cm，小叶 5~7 片，叶轴有狭翅；小叶卵形至倒披针形，老叶深绿，幼叶黄绿色，有光泽。圆锥花序狭窄，腋生，下部有 2~3 枚短分枝；花小，黄色或黄白色，有芳香，几乎全年均可开花。浆果球形，熟时红色。

适应地区

我国南方地区广为栽培。

生物特性

喜阳光充足的环境，耐半阴。不耐寒，生长适温为 22~32℃。不耐旱，忌积水。宜深厚、肥沃、疏松的腐殖土。抗大气污染。

繁殖栽培

主要用扦插法繁殖。在夏、秋两季进行，一般选用成熟的枝段做插穗，插穗最好用生根剂处理，以提高成活率。栽植绿篱可用 3 斤袋或 5 斤袋苗，栽后稍作修剪。种植初期保持充足的水分供应，平时加强肥水管理。病虫害少，无需特别护理。

四季米兰绿篱

景观特征

分枝茂密，可修剪成圆球形、伞形等多种形状，一般不修剪或略作修剪；株形清秀，叶色亮绿，叶形小巧可爱；黄白色的小花缀满叶间，一年四季花开不断，花香飘溢，是较好的绿篱材料。

园林应用

做绿篱常成排、成列栽植于观赏草坪边缘，其清秀的株形能给草坪带来层次感。可用于小花坛或成片地被周围，或盆栽置于广场中央花坛周围组成暂时性的盆栽绿篱，也常稀疏、随机地种植于草坪中央观赏。

✳ 园林造景功能相近的植物 ✳

中文名	学名	形态特征	园林应用	适应地区
米仔兰	*Aglaia odorata*	植株分枝多而密。奇数羽状复叶。花腋生，圆锥花序，花黄色，很小，碎米状，具兰花之清香味	适宜盆栽观赏或做绿篱	华南各地均可应用
大叶米仔兰	*A. elliptifolia*	植株高大。叶片较大，在夏秋之季开花	一般仅在园林绿地中单株栽植应用	华南各地均可应用

沙地柏

别名：叉子圆柏、新疆圆柏
科属名：柏科圆柏属
学名：*Sabina vulgaris*

沙地柏枝条特写

形态特征

匍匐灌木，或为直立灌木或小乔木。枝密集，裂成薄片，一年生的分枝圆柱形，径约1mm。幼枝上常为刺叶，交叉对生，上面凹，下面拱圆，中部有长椭圆形或条状腺体。壮龄树为鳞叶，背面中部有椭圆形或卵形腺体；叶揉碎后有刺鼻的香味。球果生于下弯的小枝顶端，呈倒三角状球形或叉状球形，熟时褐色、紫蓝色或黑色，或多或少有白粉。种子1~4颗，微扁，顶端钝或微尖，有纵脊或树脂槽。

适应地区

原产于南欧、中亚及我国新疆天山至阿尔泰山、宁夏、内蒙古、青海东北部、甘肃祁连山北坡、陕西榆林。生于海拔1100~2800m的多石山地及沙丘上。北京、西安等地有引种。

生物特性

阳性树种，适应性强，生长较快，抗病虫能力强。喜光、耐寒、耐干旱，喜凉爽、干燥的气候，不耐水湿。耐瘠薄，对土壤要求不严，在干燥的沙地、多石山坡、林下都能生长良好，黏土生长不良，喜石灰质的肥沃土壤。

繁殖栽培

用种子或扦插繁殖。种子必须在湿沙层积10个月才能发芽。扦插易成活，春、秋两季均可，春插成活率高，在3月中旬进行，插前施足底肥，进行土壤消毒，平整土地开沟扦插。插穗选用1~2年生健壮侧枝，长15~20cm，可随采随插，插后随即浇水。秋季扦插在10月进行，插后要用塑料薄膜覆盖。移植易成活，春、秋雨季均可移植，移栽应带

沙地柏绿篱景观

土球，栽后浇透水。雨季注意排水，湿度过大叶易发黄。经常松土锄草，每年6月追肥一次。病害有立枯病，虫害有大蟋蟀、小蜘蛛，注意防治。

景观特征

沙地柏匍匐有姿，丛植、列植或片植时枝条交错，给人延绵不绝、气势恢弘的感觉，近观则刺叶叶姿飒爽，叶色苍翠碧绿，是良好的园林树种。

园林应用

沙地柏匍匐蜿蜒，是优良的园林绿化树种，常用于坡地观赏及护坡，或作为常绿地被和基础种植，增加层次感。可整形，可做绿篱，也可作盆景观赏，在西北地区还可做保持水土及固沙造林树种。

天竺桂

别名：浙江樟
科属名：樟科樟属
学名：*Cinnamomum japonicum*

天竺桂枝叶特写▷

形态特征

常绿乔木，高可达 16m。树冠广卵形。树皮灰褐色，平滑。小枝无毛。叶革质，互生或近对生，椭圆状广披针形，长 7~10cm，先端尖或渐尖；离基 3 出脉近于平行，并在叶两面隆起，脉腋无腺体，背面有白粉。圆锥花序腋生，无毛，多花。果长圆形，成熟后黑色，果托边全缘或具浅圆齿。花期 4~5 月，果期 9~10 月。

适应地区

原产于我国东南部，多生于较阴湿的山谷杂木林中。

生物特性

中性树种，生长较快，不换叶，幼年期耐阴，喜光，忌阳光直射，有较强的耐旱、耐冻的特点。喜温暖、湿润气候及排水良好的微酸性土壤，中性土壤及平原地区也能适应，但不能积水。

繁殖栽培

播种繁殖为主，取种时脱去果皮，洗净阴干，湿沙分层贮藏。3 月中下旬进行移植，需带土球，苗期需架设阴棚。幼苗或大树移植都应在春季进行，应尽量带土移栽，移植后的第一次水要浇透，使土壤与根部紧密结合，保证种植后土壤与大树土球不产生空隙，一般浇透水一两次，对肥料的要求少。移栽成活后，病虫害少，可粗放管理。

景观特征

生长快，寿命长，百年以上仍长势不衰。树冠发达，分枝低，枝叶茂密，四季翠绿，树形端正优美，绚丽可爱。

园林应用

树干端直，树冠整齐，树姿雄伟壮丽，叶茂阴浓，在园林绿地中孤植、丛植、列植均可。其对二氧化硫抗性强，隔音、防尘效果好，可用做厂矿区绿化和防护林带树种。

天竺桂绿篱景观

天竺桂绿篱景观

栀子

别名：黄栀子、金栀子、银栀子
科属名：茜草科栀子属
学名：*Gardenia jasminoides*

白蝉花特写

形态特征

常绿灌木，高 1~2m。枝丛生，干灰色，小枝绿色。叶对生或 3 叶轮生，长 7~13cm，全缘，有短柄，叶片革质，倒卵形或矩圆状倒卵形，顶端渐尖，稍钝头，表面有光泽，仅下面脉腋内簇生短毛；托叶鞘状。花大，单生于枝顶或叶腋，初开时白色，以后逐渐变黄，有芳香，具短梗。花期较长，从 6~10 月连续开花。浆果具 5~7 纵棱，顶端有宿存萼片，秋、冬季成熟，黄色。品种有白蝉（cv. Fortuneana），花大，重瓣；雀舌栀子（var. *radicans*），植株矮小，枝常平展匍地，叶小，花小，重瓣；大花栀子（f. *grandiflora*）花较大，单瓣。

适应地区

原产于我国西南、华中及东南地区，长江流域以南地区均适宜栽培应用。

生物特性

喜温暖、湿润的环境，不甚耐寒。喜光，耐半阴，但怕曝晒。喜肥沃、排水良好的酸性土壤，在碱性土栽植时易黄化，在北方土壤呈中性或碱性的土中，应适期浇灌矾肥水或向叶面喷洒硫酸亚铁溶液。萌芽力、萌蘖力均强，耐修剪，更新快。

繁殖栽培

繁殖以扦插、压条为主。南方暖地常于 3~10 月进行，北方则常 5~6 月扦插。水插更好，成活率接近 100%，4~7 月进行，剪下插穗仅保留顶端的两个叶片和顶芽，插在盛有清水的容器中，经常换水，3 周后即开始生根。叶肥花大，要适时整修。栀子于 4 月份孕蕾

栀子绿篱景观

形成花芽，所以 4~5 月间剪除个别冗杂的枝叶外，一般应重在保蕾。6 月开花，应及时剪除残花，促使抽生新梢，新梢长至 2~3 节时进行第一次摘心，并适当抹去部分腋芽。8 月份对二荐枝进行摘心，培养树冠，就能得到优美树形的植株。

景观特征

叶色亮绿，四季常青，花大洁白，清香馥郁，是园林中集绿化、美化、香化于一体的优良观赏植物。

园林应用

终年常绿，且开花芳香浓郁，是深受大众喜爱、花叶俱佳的观赏树种，可用于庭园、池畔、阶前、路旁丛植或孤植，也可在绿地组成色块。开花时，望之如积雪，香闻数里，人行其间，效果尤佳。也可作花篱栽培。

栀子绿篱

栀子绿篱

花叶栀子枝叶特写

雀舌栀子花特写

雀舌栀子枝叶特写

雀舌栀子绿篱

雀舌栀子绿篱

美洲花柏

别名：美国尖叶扁柏、猴掌柏
科属名：柏科扁柏属
学名：*Chamaecyparis thyoides*

美洲花柏
果枝

形态特征

乔木，在原产地高 25m。胸径 1m，树皮厚，红褐色，窄长纵裂，常扭曲。小枝红褐色，生鳞叶的小枝排成平面，扁平，不规则排列。鳞叶排列紧密，先端钝尖，背部隆起有纵脊，有明显的腺点，小枝下面的鳞叶淡绿色，无白粉。雄球花暗褐色。球果圆球形，有白粉，熟时红褐色，种鳞 3 对，顶部有尖头；发育种鳞具 1~2 颗种子。

适应地区

我国庐山、南京、杭州等地引种栽培做庭园树，长江以南地区均可应用。

生物特性

喜光，喜温暖、湿润的环境。耐旱，耐瘠薄，不耐涝。耐寒，生育适温为 16~26℃。对土壤要求不严，酸性、中性及石灰质土壤均能生长，以疏松、富含腐殖质的壤土为佳。较耐修剪。

繁殖栽培

主要用扦插繁殖。在春末夏初进行，选生长旺盛、无病虫害的 1~2 年生枝条做插穗，剪取约 15cm 长茎端，上部保留适量鳞叶，斜

美洲花柏绿篱景观

插于苗床或苗圃，易生根。栽培地要求排水良好，日照要充足。幼株定植前宜预埋基肥，成活初期每 2~3 个月追肥一次，成形后可不施肥或少施肥。生长旺季过后修剪整形一次。

景观特征

树冠优美，小枝分层排列于同一平面上，层次感和立体感强，景观显得错落有致。整体上疏密有度、张弛得当，观赏效果相当不错。作绿篱使用时，如能稍加修剪整形，更显美观大方。

园林应用

引种到我国后已分化成三种类型——狭冠型、阔冠型和矮生型。狭冠形和阔冠形适合做高篱或孤植、对植、丛植及片植观赏；矮生型非常适合于做庭园绿篱，也可孤植于草坪或小花园，效果都不错。

美洲花柏枝叶特写

罗汉柏

别名：美蜈蚣柏
科属名：柏科罗汉柏属
学名：*Thujopsis dolabrata*

罗汉柏枝叶特写

形态特征

常绿乔木，高达15m。树冠尖塔形。树皮薄，灰色或红褐色，裂成长条片脱落。枝条斜伸，生鳞叶的小枝平展。叶鳞片状，对生，质地较厚，在侧方的叶略开展，卵状披针形，略弯曲，叶端尖；在中央的叶卵状长圆形，叶端钝；叶表绿色，叶背有较宽而明显的粉白色气孔带。球果近圆形，种鳞6~8枚，木质，扁平，每枚种鳞有种子3~5颗。种子椭圆形，灰黄色，两边有翅。品种有金叶（cv. Aurea），新枝叶黄色；斑叶（cv. Variegata），灌木状，叶有黄白色斑。此外还有很多栽培种。

适应地区

我国青岛、庐山、井冈山、南京、上海、杭州、福州、武汉等地有引种栽培。

生物特性

阳性树，喜生于冷凉、湿润的土地（年平均气温8℃左右的环境）。幼苗生长极慢，20年左右生长最快，至老年期则又缓慢。在适宜环境下，在大树下部的枝条与地面接触部分能发出新根，可与母株分离成新植株。

繁殖栽培

用播种、扦插或嫁接法繁殖。扦插可在4~5月进行，一般选用成熟的枝段做插穗，插穗用500ppm的吲哚丁酸处理，可促进生根。压条一般用圈枝法，在生长季节都可进行。栽植绿篱可用3斤或5斤袋苗，栽培土质以肥沃的壤土为最佳，土壤经常保持湿润，生机良好，但需排水通畅。栽后稍作修剪，移植初期加强肥水管理，以促进生长。成形后，可粗放管理，一般病虫害较少。

罗汉柏绿篱景观

罗汉柏绿篱景观

景观特征

树枝平展或斜伸，层次清晰、丰富，加上尖塔形树冠，成排列植气势恢宏。枝条上，小枝叶密集，叶色翠绿，叶形圆滑，给人饱满充实而又生机勃勃的感觉。

园林应用

列植于公园、学校、大型厂矿企业和庭园主出入口的主干道两侧，能制造绿树成阴、庭园幽幽的氛围。也可孤植或片植观赏。

云片柏

科属名：柏科扁柏属
学名：*Chamaecyparis obtusa* cv. Brevirimea

云片柏枝叶特写▷

形态特征

常绿小乔木，高约 5m。树冠窄塔形。树皮赤褐色，稍光滑，为薄片状皱裂。枝条短密，生鳞叶的小枝扁平，排成一平面，下面被白粉。鳞叶肥厚，叠瓦状密生，尖端较钝，表面暗绿色。雌雄同株，球花单生于枝顶。果实球形，红褐色；种鳞 4 对，顶端五边形或正方形，平或中央微凹，凹中有小尖头。种子小而扁，两侧有翅。花期 4 月，球果 10~11 月成熟。

适应地区

云片柏是日本扁柏的栽培变种。

生物特性

喜光，中庸树种，较耐阴。喜温暖、湿润气候，较耐寒，适生于年均温度为 14~20℃的地区（能耐 -20℃的低温）。多分布在山地及丘陵坡地的中部至下部及坡麓。浅根性，对土壤适应性广，能耐中性和微碱性土，耐干旱、瘠薄，但在土层深厚、肥沃、湿润的丘陵山地生长迅速，在板结的土壤上生长不良。

繁殖栽培

扦插育苗为主。3~4 月从幼树上剪去一二年生侧枝，插穗长 20~25cm，修去下部细枝鳞叶，将 2/3 穗条插入土中，用手压紧，插后

云片柏景观

50 天生根。也可播种繁殖。栽植后注意在生长旺季松土、除草并施肥，肥料以农家肥为主。云片柏适应性广，抗性强，生长快，病虫害少，成形后可粗放管理。

景观特征

树冠窄塔形，姿态雅致；小枝片先端钝，片片平展如云，层次丰富，立体感强，是优秀的绿篱景观植物。

园林应用

树姿优美，树形别致，可盆栽观赏，是优良的园林绿化树种，可丛植做绿篱，也可孤植、群植于花坛、庭园、房前及草坪一隅。

✱ 园林造景功能相近的植物 ✱

中文名	学名	形态特征	园林应用	适应地区
金边云片柏	*Chamaecyparis obtusa* cv. Brevirimea Aurea	树冠窄塔形。小枝片先端金黄色	同云片柏	同云片柏
矮扁柏	*C. obtusa* cv. Nana	灌木，高约 60cm。枝叶密生，暗绿色	枝叶较密，适于花坛、草坪周围做绿化隔离带	同云片柏

翠蓝柏

别名：翠柏、粉柏
科属名：柏科圆柏属
学名：*Sabina squamta* cv. Meyeri

翠蓝柏枝叶特写

形态特征

常绿直立灌木。分枝硬直而开，小枝茂密短直。叶披针状刺形，长6~10mm，3片轮生，两面均显著被白粉，有光泽，呈翠蓝色。雌雄异株，花、果单个腋生。果实卵圆形，长约0.6cm，初红褐色逐变为紫黑色；内具种子1颗。

适应地区

原产于我国西南部及陕西、甘肃南部、安徽、福建、台湾等地高山。

生物特性

喜光，稍耐阴。较耐寒，不耐湿，土壤太湿易引起叶片变黄脱落。寿命可达200~300年。在中性土、微酸性土、石灰性土上均能生长，要求深厚、疏松、排水良好的砂质壤土。耐修剪，但不宜多修剪。

繁殖栽培

以扦插为主，也可用压条或嫁接繁殖。扦插在4~5月进行，选1~2年生半木质化嫩枝为

翠蓝柏枝干

翠蓝柏自然式绿篱

插穗，长12~18cm，剪除中部以下枝叶，插入苗床，妥善养护，约8个月可发根，成活后第2年春季进行分栽移植。宜栽植在阳光充足、空气流通之地，通风不好容易造成叶片枯黄脱落。栽培地要求透水性好，雨水积涝时注意排水。翠蓝柏喜肥，在4~6月生长旺季可每隔半月施肥一次。抗病性强，偶有柏蚜和红蜘蛛为害，柏蚜可用敌敌畏，红蜘蛛可用氧化乐果防治。

景观特征

翠蓝柏枝叶稠密，直立簇生，色蓝似灰，叶之两面如披白霜，树冠呈现蓝绿光泽，在松柏类中别具一格。其树姿古朴浑厚，四季葱翠，终年均适宜观赏。

园林应用

枝条柔软，富有韧性，可塑性强，用做绿篱可修剪成各种形状，只要整姿得当，可体现出秀逸、潇洒、浑厚之美感。还可孤植于庭园，尤其适宜与岩石配置，也是优良的盆景植物材料。

翠蓝柏自然式绿篱

翠蓝柏自然式绿篱

翠蓝柏自然式绿篱

翠蓝柏自然式绿篱

翠蓝柏自然式绿篱

昆明圆柏

别名：昆明柏
科属名：柏科圆柏属
学名：*Sabina gaussenii*

形态特征

常绿灌木或小乔木，高 8m。树皮暗褐色，裂成薄片脱落。叶全为刺叶，生于小枝下部的叶较短，交叉对生或 3 叶交叉轮生，近直立或上部斜展，先端锐尖，下面常具棱脊，近基部有腺体；生于小枝上部的叶较长，3 叶交叉轮生，斜展，下面常沿中脉凹下成细纵槽。球果生于小枝的顶端，卵圆形，具少数浅树脂槽，上部有不明显的棱脊。

适应地区

原产于云南昆明、西畴等地，在原产地常做绿篱或庭园观赏树。

生物特性

性强健，适应性强，喜光，喜温暖、湿润的环境，也较耐阴、耐干旱，只是阴蔽处叶色略显苍老。较耐寒，0℃低温能顺利越冬，生育适温为 16~28℃。耐瘠薄，在各种土壤中均能生长，喜疏松、肥沃、排水好的砂质壤土。

昆明圆柏景观

繁殖栽培

可用播种、扦插或压条繁殖，以扦插为主。插穗先用发根剂处理，然后斜插于砂床中，经 2~4 个月能发根，待根群生长旺盛后再行假植肥培。栽培土质以壤土或砂质壤土为佳，排水需良好，日照需充足。修建新绿篱时，最好在每年 11 月至翌年 2 月进行，此时移栽树苗成活率高，夏季高温时节，则移栽成活率低。幼株需水较多，移栽初期注意浇水。作绿篱使用时，应在移栽成活后适当修剪造型。对水、肥要求不高，病虫害少，成形后可粗放管理。

景观特征

四季常绿，树姿苍劲有力，株形优美，成排栽植时，远观气势磅礴、整齐且错落有致，可观姿，也可赏韵。如修剪成密集的灌木，也显得美观大方，是南方做绿篱的好材料。

园林应用

可列植于庭园建筑物阳面、主干道两侧等做绿篱，既能美化环境，又能净化空气，在城市或城郊露天较大型排水渠两岸列植效果尤佳。也可孤植于草地或地栽花坛中央观赏，对植于建筑出入口两侧效果也不错。

昆明圆柏枝叶特写

昆明圆柏景观

昆明圆柏自然式绿篱

昆明圆柏自然式绿篱

侧柏

别名：扁柏、黄柏、扁松
科属名：柏科侧柏属
学名：*Platycladus orientalis*

形态特征

常绿灌木或乔木，最高可达 20 多米。幼树树冠尖塔形，老树广圆形。大枝斜出，小枝扁平，直立生长。鳞叶交互对生成 4 列，宽大而薄，三角状卵形，先端微钝，两面均为绿色。雌雄同株，单性；球花单生于小枝顶端，雄球花有 6 对雄蕊，雌球花有 4 对珠鳞，3~4 月开花。球果卵圆形，熟前绿色，肉质，种鳞先端反曲，成熟后变木质，开裂，红褐色。种子长卵形，无翅，10~11 月成熟。品种有矮黄侧柏（cv. Aurea Nana），树冠卵形，嫩枝叶片黄色；金塔柏（cv. Beverleyensis），树冠塔形，新叶金黄色，后逐渐变黄绿色；圆枝侧柏（cv. Cyclocladus），小枝圆形，细长柔软；石南侧柏（cv. Ericoides），分枝细而紧密，叶线状长椭圆形，蓝绿色。

矮黄侧柏景观

肥沃、排水良好的土壤栽培较好。萌芽力强，耐修剪。对二氧化硫、氟化氢、氯气抗性强，有吸收能力，且有吸滞粉尘作用，能分泌杀菌素，杀灭杆菌等。

适应地区

原产于我国华北、东北地区。现我国南北各地均有栽培。

生物特性

浅根性，侧根发达，生长较慢，寿命长。喜光，较耐阴。喜温暖、湿润的气候，生育适温为 15~26℃，耐寒。耐干燥、瘠薄和盐碱地，不耐水浸，对土壤的适应性强，但以疏松、

繁殖栽培

播种繁殖。多在春季行条播，约经 2 周发芽，发芽率 70%~85%。种子发芽后先出针状叶，后出鳞叶，2 年生后则全为鳞叶。一年生苗高 15~25cm，翌年移植后可达 45cm，3 年生苗达 60cm 左右，可用于绿篱或大面积绿化造林。适应性强，栽培管理很粗放，要求栽培地通风良好，通风不良或高温、干旱会

* 园林造景功能相近的植物 *

中文名	学名	形态特征	园林应用	适应地区
千头柏	*Platycladus orientalis* cv. Sieboldii	灌木。无主干，树冠紧密，近球形。小枝片明显直立	由于无主干，是绿篱较好的材料之一	同侧柏
四季黄侧柏	*P. orientalis* cv. Semperaurescens	灌木，高达 3m。树冠近球形。叶全年保持金黄色	叶色金黄、耀眼醒目	同侧柏

矮黄侧柏果枝

导致内部枝叶干枯，此时要进行修剪，清除枯枝能再发新叶，恢复生机。侧柏在幼苗期须根发达，易移植成活。在园林中于春季植为绿篱时，多用带土球的苗，但在雨季造林时可用裸根苗，注意保护根系不受风干日晒。

景观特征

树姿古朴苍劲，树冠广圆形，枝叶葱郁，生长速度偏慢，寿命长，自古以来常栽植于寺庙、陵墓地和庭园中，是传统园林观赏植物。

园林应用

由于寿命长、树姿美，各地多有栽植，又由于其具有净化空气的能力，常在街道两旁、建筑物周围用做绿篱，但是株形比较松散，

千头柏绿篱景观

绿篱观赏性不是很强。在名山大川之地，常见侧柏古树自成景观。

千头柏果枝

四季黄侧柏果枝

四季黄侧柏绿篱景观

091

四季黄侧柏绿篱景观

四季黄侧柏绿篱景观

圆柏

别名：桧柏、刺柏
科属名：柏科圆柏属
学名：*Sabina chinensis*

金球桧枝叶

形态特征

常绿灌木、乔木，也有匍匐性植株，最高可达 20 多米。树冠卵形或圆锥形，树枝密生。树皮褐色，常浅纵条状剥落。叶二型；成年树及老树鳞叶为主，鳞叶先端钝，覆瓦状排列；幼树常为刺叶，上面微凹，有两条白色气孔带，对生或轮生。雌雄异株。球果近圆形，有白粉。种子 1~4 颗，棱形。花期 4 月，11 月种子成熟。品种有龙柏（*Sabina chinensis* cv. Kaizuca），树冠窄圆锥形，新长出的枝屈曲盘旋向上，全株鳞叶，绿色；塔柏（*Sabina chinensis* cv. Pyramidalis），树冠塔形，枝密生，向上，全部为刺叶；金龙柏（*Sabina chinensis* cv. Kaizuca Aurea），枝端叶金黄色；鹿角柏（*Sabina chinensis* cv. fitzeriana），丛生灌木，大枝上展，小枝下垂，全鳞叶。

圆柏枝叶

龙柏枝叶

适应地区

原产于我国北部及中部，北至吉林，南至广东，东至华东地区，西至西藏、甘肃均可栽植，是一个适应性非常广泛的树种。

生物特性

喜光，幼树耐阴，能耐低温及干旱、瘠薄，较耐湿。对土壤要求不严，在酸性、中性、石灰质土壤上均能生长，但以肥沃、湿润的土壤中生长较好。深根性，耐修剪，易整形。

繁殖栽培

扦插繁殖为主，一般在秋末至早春进行，华南地区以冷凉山区育苗为佳，插穗先使用发根剂进行处理，然后斜插于沙床中，遮阴、保湿，经 2~4 个月能发根。园林绿化一般要用袋装苗或带土球移植。作绿篱应用时，种植的株行距为 0.4m×0.5m，种植时应横竖成行，高矮、大小一致。幼株应每 2 年移植一次，如果超过 4 年未移植，移植之前应先行断根 1 年以上，促使萌发细根，否则不易成活。圆柏一般不宜太多修剪，以自然株形为主，仅将扰乱树形的枝条修剪掉即可。

景观特征

树冠圆锥形，整齐端庄，叶色墨绿，规整漂亮。

园林应用

树形端正，适应性强，常丛植或群植，也常作稀疏自然高篱应用。由于其萌芽力强，耐修剪，又能耐阴，是绿篱的良好材料。也可修剪成平台状、多层塔形或盘龙状，别有一番情趣。

圆柏绿篱

龙柏绿篱

圆柏绿篱

中文名	学名	形态特征	园林应用	适应地区
丹东桧	*Sabina chinensis* cv. Dandong	常绿植物，高达10m。树冠圆柱状尖塔形或圆锥形。具有鳞叶和刺叶，刺叶有白色气孔带	宜列植及修剪做绿篱	同桧柏
金叶桧	*S. chinensis* cv. Aurea	常绿灌木，高3~5m。树冠圆锥形。刺叶3叶轮生，新叶金黄色，后变绿	叶色丰富，可列植、对植或丛植	原产于我国东北南部及华北等地

金球桧绿篱

丹东桧枝叶

丹东桧绿篱

第四章

棘刺类绿篱

造景功能

棘刺类绿篱植物观赏价值极高，但具有蜇人的刺，刺主要由叶或者枝条变态而来。此类植物有些是灌木，有些是藤状灌木，园林上主要是用做刺篱。刺篱植物具有特殊的观赏性，除发挥绿篱功能外，更主要是发挥其防护功能。棘刺类绿篱植物种类相对较少，常用于园林边缘地带。

黄刺玫

别名：刺玖花、刺玫花、破皮刺玫
科属名：蔷薇科蔷薇属
学名：*Rosa xanthina*

黄刺玫枝叶特写 ▷

形态特征

落叶丛生灌木，高 3m，茎直立。小枝细长，紫褐色，无毛，具直立皮刺。奇数羽状复叶，互生或簇生于短枝上；托叶细小，大部分与叶柄合生，边缘有腺齿或全缘，宿存；小叶 7~13 片，卵圆形或近圆形，边缘有重钝锯齿。花单生，直径约 4cm；萼裂片披针形，全缘，外面无毛，内面密被白色茸毛；花瓣黄色，倒卵形；重瓣或近重瓣；花柱离生，密被茸毛，比雄蕊短。蔷薇果，近球形，红褐色。花期 5~7 月，果期 7~9 月。

适应地区

原产于我国华北、东北及西北地区，现全国各地广为栽培。

生物特性

喜光，稍耐阴，耐寒力强。对土壤要求不严，耐干旱和瘠薄，在盐碱土中也能生长，在肥沃而排水良好的中性或微酸性土壤生长最好。不耐水涝。

繁殖栽培

扦插或分株繁殖。扦插可于 6 月进行，选当年生半木质化枝条，摘除下部叶片，只留上部 1~2 片复叶，插前可用激素处理，以助生根，将插穗插于苗床或直接插于栽培地也可。栽培容易，管理粗放，病虫害少。

黄刺玫绿篱景观

景观特征

叶片秀丽，花色鲜艳，鲜花盛开之际，花叶交辉相映，鲜丽多姿，香味芬芳，观之令人赏心悦目，具有"朵朵精神叶叶柔，雨晴香拂醉人头"的情趣。

园林应用

黄花绿叶绚丽多姿，加之抗寒耐旱、管理简单，是我国北方地区春末夏初的重要观赏花木，可栽种于建筑物的朝阳面或侧面形成花篱，也适合在庭园、草地、路旁等处丛植，成片栽植效果也非常不错。还可以瓶插观赏。

* 园林造景功能相近的植物 *

中文名	学名	形态特征	园林应用	适应地区
玫瑰	*Rosa rugosa*	枝密生细刺、刚毛及茸毛。小叶椭圆形，表面网脉下凹，有光泽，背面有茸毛。花紫红色，浓香	用做切花较多，其他同黄刺玫	我国辽宁、山东等地有分布，全国广泛栽培

铁海棠

别名：番仔刺、虎刺梅、麒麟刺
科属名：大戟科大戟属
学名：*Euphorbia millii*

铁海棠花枝特写

形态特征

常绿肉质灌木，高 30~100cm。茎肥厚多肉，褐绿色，茎上长满黑色利刺，茎叶均含有白色的乳汁。单叶互生，披针形或倒卵形，基部楔形，先端近圆形而有小尖头，叶面青绿，全缘，无叶柄。杯状花序 2~4 个生于枝顶，排成二歧聚伞花序；花色有绯红、桃红、黄等色，全年开花，但秋、冬季节最盛。有多个变种和杂交种，其中大叶铁海棠（var. *splemdens*），叶较大；黄苞铁海棠（var. *tananarivae*），总苞片黄色；白苞铁海棠（var. *alba*），总苞片白色；大麒麟（cv. Keysii），为杂交品种，茎肥大直立，叶大而常绿，花序多。

适应地区

我国华南各地适宜栽培。

生物特性

强阳性植物，日照越充足开花越多。喜高温、耐热，生长温度为 25~35℃。极耐旱，忌长期阴湿。易移植，抗污染。喜欢肥沃、疏松的砂质壤土。全株有毒，汁液毒性强。

繁殖栽培

主要用扦插繁殖。一般在春季进行，铁海棠的栽培管理粗放，极耐旱，淋水量比其他绿

铁海棠绿篱

篱植物要少，但应适当施肥，以促进植株生长、多开花。生性强健，病虫害少。

景观特征

植株密生，多刺，叶片与刺齿错落有致；花序斜展于枝端，花色丰富艳丽，是优良的防护型观花景观植物。

园林应用

枝干带刺，且绿色多肉、花色多样，适合在热带、亚热带庭园的非开放式小花园周围作观赏兼防护型绿篱使用，在园林中还可作盆栽、花坛应用。

✳ 园林造景功能相近的植物 ✳

中文名	学名	形态特征	园林应用	适应地区
麒麟箣	*Euphorbia neriifolia*	肉质灌木。茎叶肥厚多肉。老枝落叶性，新枝有棱角，棱角凹处有锐刺一对	同铁海棠	原产于印度
火殃箣	*E. antiquorum*	茎肉质，直立，圆柱形。小枝绿色。叶对生，倒卵形。杯状花序，总花梗短而粗，生于翅的凹陷处	生长高大，刚劲有力，四季常青。南方可作庭园栽培，或做篱笆，也可盆栽	华南及西南温暖地区

枸骨冬青

别名：鸟不宿、猫儿刺
科属名：冬青科冬青属
学名：*Ilex cornuta*

形态特征

常绿灌木或小乔木，高 5m。树皮平滑，灰白色。枝开展而密生，形成阔圆形树冠。叶互生，硬革质，深绿色，有光泽，叶似长马褂状，先端有 3 尖刺，叶片二侧各有 2~3 枚尖刺。雌雄异株，聚伞花序，花小，浅黄绿色，簇生于两年生枝叶腋。核果球形，10~11 月成熟，鲜红色。花期 4~5 月。品种有无刺枸骨（var. *fortunei*），叶缘无刺齿；黄果枸骨（cv. Luteocarpa），果暗黄色。

枸骨冬青果枝

适应地区

原产于长江中下游各省，我国江苏、浙江、江西、湖南、湖北、河南、广东、福建、台湾、香港、澳门等地均可栽植应用。

生物特性

亚热带树种，喜光照充足，也耐阴，特别是小苗，非常耐阴。喜温暖、湿润的气候，较耐寒。对土壤要求不高，但以湿润、肥沃、排水良好的微酸性至中性土壤为佳。萌芽力强，耐修剪。

繁殖栽培

可用播种、分株、扦插繁殖。播种于种子成熟后进行，即采即播，由于种子发芽很慢，宜先沙藏催芽，至萌动时才进行播种。分株于春季进行，枸骨的根部会萌生很多芽苗，可以分出来种植。扦插也在春季进行，宜用黄泥做插床，插后盖薄膜保温。园林绿地中使用枸骨冬青时宜选用袋苗，种植后修剪整齐，淋透水。日常管理比较粗放，适当的肥水可促进生长，使枝叶密集，起到更好的绿化效果。枸骨冬青常有红蜡蚧为害枝干，要注意及时防治。

景观特征

枸骨冬青枝叶稠密，叶形奇特，深绿光亮，四季常青，入秋后密生的红果鲜艳夺目，经冬不凋，非常美丽，是观叶、观果俱佳的园林树种。

园林应用

由于枸骨冬青具有尖刺，是很好的防护树种，常作绿篱、防护篱带使用。也可做基础种植及岩石园材料，孤植于花坛中心，对植于前庭、路口，或丛植于草坪边缘效果都不错。也是很好的盆栽材料，选其老桩制作盆景也饶有风趣。果枝可供瓶插，经冬不凋。

✱ 园林造景功能相近的植物 ✱

中文名	学名	形态特征	园林应用	适应地区
金黄叶枸骨冬青	*Ilex aquifolium* cv. Golden Queen	形似枸骨，但其叶片金黄色	同枸骨冬青	同枸骨冬青

枸骨冬青枝叶特写

枸骨冬青绿篱景观

枸骨冬青绿篱

枸骨冬青绿篱

美洲含羞草

别名：巴西含羞草
科属名：含羞草科含羞草属
学名：*Mimosa diplotricha*

形态特征

具刺灌木，高 3~4m。茎四棱形，褐色至红褐色，茎上生逆刺。2 回羽状复叶，灰绿色，小叶 3~7 对，肾形或矩圆形，全缘，两面疏被毛，被碰触后会收缩，但速度较慢。花为头状花序，圆球形，粉红色。荚果，长椭圆形，微弯，有毛，熟时果荚黄褐带紫红色。

美洲含羞草枝叶

适应地区

我国云南、广东、海南和广西南部及台湾等地可栽培。

情况下以疏松、肥沃、排水良好的沃土比较适宜生长。

生物特性

喜光，但又能耐半阴。喜温暖、湿润的气候，稍耐旱，但不耐寒。对土壤要求不严，一般

繁殖栽培

用种子播种繁殖。春、秋季都可播种，播前可用 35℃温水浸种 24 小时，浅盆穴播，覆

美洲含羞草绿篱景观

美洲含羞草花序 ▷

土 1~2cm，以浸盆法给水，保持湿润，在15~20℃条件下经 7~10 天出苗，苗高 5cm 时即可移植。含羞草是一种栽培管理要求不高、非常粗生的植物，作为绿篱植物使用时，为了使其花叶艳丽，生长季节应加强肥水管理，同时适当修剪整形。如盆栽观赏，则适当控制肥水，只在生长旺季略施稀薄肥水2~3次即可。

美洲含羞草荚果

景观特征

小叶细小，羽状排列，用手触碰小叶，小叶接受刺激后即会合拢，如震动力大，可使刺激传至全叶，则总叶柄也会下垂，甚至也可传递到相邻叶片使其叶柄下垂，仿佛姑娘怕羞而低垂粉面。花粉红色，小巧可爱。

园林应用

可作路边、草地、小花坛周围低矮的绿篱使用，丛植或列植于广场中央小花坛周围，阵风吹来时，几乎所有叶片立即收拢，给原本热烈的花坛增添一份动感和趣味。也可盆栽置室内外观赏。

美洲含羞草绿篱景观

马甲子

别名：马甲刺、铁篱笆、鸟不站刺
科属名：鼠李科铜钱属
学名：*Paliurus ramosissimus*

形态特征

落叶灌木，高 2~3m。多分枝，幼枝密生锈色短茸毛，后变无毛，枝有对生托叶刺。单叶互生，卵圆形或卵状椭圆形，长 3~5cm，缘有细圆齿，先端钝或微凹，基部 3 出脉，两面无毛或背脉稍有毛。聚伞花序腋生，密生锈褐色短茸毛；花小，黄绿色，花瓣 5 枚，匙形。核果盘状，周围有木栓质不明显 3 裂的窄翅，密生褐色短毛，径 1~1.8cm，果皮坚硬，内含有 2~3 颗种子。种子紫红色或褐色，扁圆形。花期 5~8 月，果期 9~10 月。

适应地区

我国华东、中南、西南地区及陕西有分布。

生物特性

极耐寒，可耐 -15℃以下的低温。病虫害少，一般没有共生性的病害，如天牛、潜叶蛾等互不传播。耐旱、耐水渍、耐瘠薄，各种土壤均能生长。适应性强，易种且速生，从育苗定植到篱笆成形仅需 2~3 年，一般株高可达 2m，且管理容易。

繁殖栽培

播种繁殖。一般于 11 月上旬到翌年 2 月底进行，晴天播种为最好。播种前浸种 2~3 天，捞出后按种子与锯木屑体积 1：4 的比例充分拌匀，播后铺盖糠壳或稻草，泥温在 12℃以上，一个月左右出苗。栽植在比较贫瘠的土地，要适当浇施肥水，以稀薄尿素为主，促

马甲子绿篱景观

马甲子枝叶特写

其生长。约 3 年左右即可长成高 1.5m 以上的绿篱。当马甲子高达 2~3m 时，可于 1.2~1.5m 处砍伐，将砍伐下来的枝条压编在树桩中，即形成鸡狗不入的铁篱笆。

马甲子花序

景观特征

每年冬至过后，树叶随风落尽，只见一丛丛灰白色马甲子刺直刷刷傲寒屹立，钢针般的尖刺锋芒毕露，犹如万箭待发，令目睹者无不毛骨悚然，成为自然界一道独特的风景线。

园林应用

用做果园、菜园、苗圃、鱼塘、高速公路、村舍的围墙，成本低廉，综合效益比竹篱或砖墙优越，成本是竹篱的 1/30、砖墙的 1/50。

易种植，从育苗到定植到篱笆成形仅需 2~3 年。可防风、防旱、防寒，是防盗贼、牲畜入内的最好篱笆。

马甲子绿篱景观

马甲子绿篱景观

小檗

别名：子檗、山石榴、日本小檗
科属名：小檗科小檗属
学名：*Berberis thunbergii*

形态特征

落叶灌木，高达 2m。枝丛生，微具棱，刺单一，稀分叉；老枝灰棕色或紫褐色。叶小全缘，菱形或倒卵形，先端圆钝或钝尖，有时有小短尖头，基部楔形，全缘。伞形花序或近簇生，常具 3 朵花，稀较多，4 月开花，花黄色，6 枚萼片，花瓣状，排列成 2 轮；花瓣 6 枚，子房具 2 颗胚珠，略有香味。果期 9~11 月，果实椭圆形，果熟后艳红美丽，挂果期长，落叶后仍可缀满枝头。品种有紫叶小檗（cv. Atropu-rpurea），叶常年紫色；矮紫叶小檗（cv. Atropu-rpurea Nana），植株低矮，叶常年紫色；金边紫叶小檗（cv. Golden Ring），叶紫红并有金黄色的边缘，在阳光下色彩更加艳丽。

适应地区

原产于我国东北南部、华北地区及秦岭。多生于海拔 1000m 左右的林缘或疏林空地。长江中下游流域地区最适宜种植，华南地区也可以应用。

生物特性

适应性强，喜光照充足，耐半阴。喜凉爽的气候环境，耐寒，但不畏炎热、高温，炎热的夏季生长受一定的影响。要求土壤疏松、腐殖质丰富、肥沃、排水良好的生长环境。萌蘖性强，耐修剪。

繁殖栽培

可用播种、分株及扦插法繁殖。播种可在春季或秋季进行。扦插多用半成熟枝条于 7~9 月进行，采用扦插成活率较高。插条生根后，要及时移出插床植于畦中，移出过晚则根系老化，移栽后不易成活。移栽可在春季和秋季进行，株行距为 15cm×15cm，每 7 天浇水一次，保持地面湿润。施肥可隔年，秋季落叶后在根系周围开沟施腐熟厩肥或堆肥一次，然后埋土并浇足冻水。在生长季节，也可以随浇水增施尿素。如果有少量蓑蛾为害，可用黑光灯或性激素诱杀成虫，或用 50% 辛硫磷 1000 倍液防治。

景观特征

小檗焰灼耀人，枝细密而有刺；春季开小黄花，嫩黄色的小花清丽可人，入秋则叶色变红，几片小叶围成一圈，姿态雅逸；果熟后也红艳美丽，是良好的观果、观叶和刺篱材料。

园林应用

宜丛植或做观赏彩篱，园林造景常与常绿树种作块面色彩布置，效果较佳，可用来布置花坛、花境，是园林绿化中色块组合的重要树种。也可盆栽观赏或剪取果枝瓶插，供室内装饰用。

* 园林造景功能相近的植物 *

中文名	学名	形态特征	园林应用	适应地区
豪猪刺	*Berberis virgetorum*	落叶灌木。茎干常有刺。单叶，叶边缘有细钝锯齿。果球形，红色	同小檗	同小檗

豪猪刺特写

小檗花序特写

豪猪刺绿篱

小檗绿篱景观

枳壳

别名：枸橘
科属名：芸香科枳属
学名：*Poncirus trifoliata*

形态特征

落叶灌木或小乔木，高 6m。枝干绿色，茎干上有刺。叶互生，掌状复叶，小叶 3 片，小叶无叶柄，最上面一片椭圆形或倒卵形，先端微凹；侧生的 2 片小叶椭圆状卵形，基部偏斜，叶边缘有波状锯齿，叶革质。花两性，单生，白色，先叶开放。花期 4~5 月。果球形，密生茸毛，有香气，10 月成熟，黄色。

枳壳果枝特写

适应地区

原产于我国中部的温带树种，从山东到广东均可栽培应用。

生物特性

枳壳生长快，管理要求不高，萌芽力强，耐修剪。喜光，喜温暖、湿润气候及深厚、疏松、肥沃的土壤。有一定的耐寒性，北京可露地栽培。对有毒气体抗性强。

繁殖栽培

采用播种繁殖。10 月果熟后取出种子，洗干净后直接播于苗圃地里，苗高20cm时可移植到育苗袋中培育。园林绿化一般要求选用袋装苗，枳壳也不例外，种植株行距为40cm×40cm，种植后即时修剪一次。作绿篱栽植时，封行前要注意肥水管理；封行后应经常进行修剪，以维持良好的景观形态。

景观特征

枝干绿色，枝叶密集，茎干上有刺。叶色光亮，叶片揉之有清香。春花秋实，春季白色的小花附着在植株之间，发出淡淡幽香，引得蜂蝶在花群间翩翩起舞，一派和谐的自然春光景象；秋季黄色的果实穿梭于枝叶丛中，金灿灿地特别耀眼夺目。

园林应用

多用做绿篱材料，并兼有刺篱、花篱的效果，若植于大型山石旁也很适宜，既可赏春季白花、秋季黄果，又可赏冬季绿色枝条。

＊ 园林造景功能相近的植物 ＊

中文名	学名	形态特征	园林应用	适应地区
花椒	*Zanthoxylum bungeanum*	落叶灌木或小乔木。茎干常有增大的皮刺。奇数羽状复叶，小叶边缘有细钝锯齿和透明腺点，叶柄两侧常有一对皮刺。果球形，带红色，密生疣状凸起的腺体	同枳壳	主产于四川、陕西、河北
柑橘	*Citrus reticulata*	常绿小乔木或灌木。枝叶茂盛，通常有刺。叶长卵状披针形。春季花香，花黄白色单生或簇生于叶腋	可做绿篱、香花植物，或观果植物	长江以南地区

柑橘果特写

柑橘花特写

花椒果枝特写

枳壳花枝特写

枳壳绿篱景观

柑橘绿篱

第五章

观叶类绿篱

造景功能

观叶类绿篱植物是绿篱景观设计中最常用的一类，适合各种形式的建篱，既可单独用绿色树种配植成绿篱，又可用彩叶树种栽培成彩叶篱；既可修剪成整齐的绿墙，又可任其生长作自然式观赏，还可修剪成各种图案和动物造型。

变叶木

别名：洒金榕
科属名：大戟科变叶木属
学名：*Codiaeum varegatum*

形态特征

常绿灌木，高 3m。植物体具有白色乳汁。叶厚革质、光滑，叶片的形状有长条形、披针形、长条状螺旋形、蜂腰形、戟形等多种变化；叶色斑斓多变，有绿色、黄色、粉红色、紫褐色等多种色泽，叶片上还经常有各种颜色的斑块或斑点。花小，排列成总状花序，雌雄同株，异花。蒴果球形。变叶木的园艺品种有 120 余种，常见的有宽叶变叶木（f. *platyphyllum*）、戟叶变叶木（f. *lobatum*）、长叶变叶木（f. *ambiguum*）、螺旋叶变叶木（f. *crispum*）、角叶变叶木（f. *cornatum*）、细叶变叶木（f. *tgeniosm*）等。

变叶木枝叶特写

适应地区

我国广东、福建、台湾、海南、广西、香港、澳门等地广泛应用。华中、华北等地冬季适应温室栽培。

生物特性

热带植物，喜高温、多湿、阳光充足的生长环境，但不耐强光直射。在疏松、肥沃、排水良好的土壤中生长很好。干旱、寒冷的冬季常出现落叶的现象，20℃时生长最好，月平均温度低于 10℃时就会出现受冻的症状。耐修剪，萌发力较强。

繁殖栽培

嫁接、扦插、压条等方法繁殖。主要采用扦插法育苗。每年 3 月下旬到 5 月初，剪取植株顶端 10~15cm 长的一段，直接插入育苗袋中，每袋插 3 株，淋透水，按正常的管理，约 20 天即出根。绿篱一般用 3 斤袋或 5 斤袋苗种植，每平方米种植 16~25 株，种植时要把育苗袋拆除，并且疏密均匀，种植后要修剪整齐。日常管理主要是淋水、施肥与修剪。根据天气情况，每 1~2 天淋水一次，在封行前要经常除草，封行后要经常修剪，夏季生长季节每个月应修剪一次，使绿篱整齐美观。有条件的最好在生长季节每月施肥一次以促进生长。

景观特征

叶形缤纷多姿，叶色色彩斑斓，在庭园入口两侧丛植做彩篱，给人热情洋溢的感觉，是重要的彩叶植物。

园林应用

变叶木作为一种有特殊颜色的植物，其奇特的形态、绚丽斑斓的色彩招人喜爱。在华南、西南一带可用于公园、绿地和庭园的美化与彩化，常用作绿篱丛植，也可布置花坛或盆栽观赏。

变叶木枝叶特写

变叶木绿篱

变叶木绿篱景观

变叶木绿篱景观

红背桂

别名：青紫木、青天红地
科属名：大戟科土沉香属
学名：*Excoecaria cochinchinensis*

形态特征

常绿灌木，最高达 2m，一般栽培都控制在 1m 高左右。植株分枝多。叶对生，椭圆状披针形，叶表面绿色，背面紫红色，叶边缘有锯齿，茎、叶含有乳汁。穗状花序腋生，花单性，雌雄异株，很小，长仅 5mm，初开时黄色，后渐变为淡黄白色。花期 6~7 月，蒴果一般不易成熟。有栽培变种绿背桂（var. *viridis*），但平常见得不多，海南较普遍，观赏性不如红背桂好。花叶红背桂是新兴的品种。

适应地区

原产于我国广东、广西及越南，我国南方地区广为栽培。

生物特性

喜温暖、湿润气候，宜阳性至半阴的生长环境，忌阳光暴晒，不耐寒，要求冬季温度不低于 5℃，也怕积水。要求肥沃、疏松、排水好的土壤。

繁殖栽培

主要用扦插繁殖。每年梅雨季节扦插最好，剪取 1~2 年生的枝条，长约 15cm，直接插入育苗袋中，每袋 3 株，插后淋透水，给予适当的遮阴，1 个月左右可长根。低矮的绿篱一般选用 3 斤袋苗，按每平方米种植 25 株的密度整齐种植；正常的高篱可选用 5 斤袋苗，按每平方米种植 16 株的密度种植。种植时育苗袋要拆去，以免影响生长。栽植后要加强管理，晴天 1~2 天淋水一次，未封行前应加强施肥及除草，以促进生长，封行后要做好修剪，使植篱整齐美观。

红背桂绿篱景观

红背桂绿篱景观

景观特征

株形矮小，叶面绿色，叶背紫红色，颜色突出，对比鲜明，每当雨后或风吹草动时，紫红色的叶片时隐时现，婉约动人，非常漂亮、有特色。

园林应用

可于建筑物、运动场等周围作绿篱应用，若用于花坛周围做镶边，效果也不错。在休闲广场、草坪中央等处片植或丛植，也可在行道树下作基础种植，从远处观望，美丽大方。可与其他彩叶植物配置成模纹花坛，还可盆栽观赏。

花叶红背桂枝叶特写

红背桂绿篱景观

红背桂绿篱景观

红背桂绿篱景观

115

红桑

别名：铁苋菜
科属名：大戟科铁苋菜属
学名：*Acalypha wilkesiana*

形态特征

常绿灌木，高可达5m，一般多为1m。单叶互生，叶形如桑叶，卵形至阔卵形，先端渐尖，基部浑圆，叶边缘有不规则的锯齿，叶色丰富，有绿色、青铜色、粉红、玫瑰红、乳白色或乳黄色。穗状花序，雌雄同株异穗，浅紫红色，雌花柔软下垂。夏、秋季开花，很少结果。品种有金边红桑（var. *marginata*），叶边缘较淡黄色，叶面黄绿色；还有叶面带彩条的条纹红桑；叶面具红、绿、褐等色的彩叶红桑；绿叶边缘红的彩边红桑、细彩红桑（cv. Monstroso）等，均美丽妖娆。

适应地区

热带、亚热带地区广泛栽培。我国华南沿海地区适宜种植。

生物特性

典型的热带树种，喜高温、多湿，抗寒力低，不耐霜冻，当气温低于10℃以下时，叶片即有轻度寒害，遇长期6~8℃低温，则植株严重受害。对土壤及水、肥要求较高，水、肥充足则枝密叶大、冠形饱满。在干旱贫瘠的土壤则生长不良。

繁殖栽培

主要用扦插繁殖。于每年3月下旬至4月下旬，选一年生健壮枝条，剪成10cm段长做插穗，约20天可生根长叶，45天左右可移植至圃地培育。苗高约10cm时，摘除顶芽，促使早日萌发成丛。用钙、镁、磷肥拌腐熟饼肥做基肥，以后视叶片生长情况喷施稀薄氮肥水，秋后停止施肥。注意防寒，及时修剪，可常年供观赏。

红桑景观

红桑株形

景观特征

叶色独特，色彩多样，可成丛、成列种植，观之古朴凝重、端庄典雅，深受人们喜爱。在茵茵绿色世界中，红桑以常年红叶使景观红绿相间，为园林添姿增色。

细彩红桑枝叶特写

细彩红桑绿篱景观

金边红桑

金边红桑绿篱景观

园林应用

常用于花坛周围做镶边，可植于小面积草坪或小型花园周围做彩篱，也可用作花坛的图案布置及建筑物向阳面作基础种植。大片丛植于庭园中央或一角，景色也很别致。

东方紫金牛

别名：春不老、万两金
科属名：紫金牛科紫金牛属
学名：*Ardisia squamulosa*

东方紫
金牛果
特写 ▷

形态特征

常绿灌木或小乔木，高4m。全株平滑。叶互生，长6~12cm，宽3~5cm，革质略呈肉质，全缘，披针状长椭圆形，先端钝或有时渐尖，叶柄紫红色，表面绿而光滑，具模糊或不明显的腺点；新生叶红褐色。伞形花序或短总状花序腋生，花枝基部膨大或具关节，花冠淡红色，花瓣广卵形，具黑点，雄蕊与花瓣等长，夏季开花。浆果扁球形，径约1cm，鲜红至暗黑色，表面富光泽，结果期极长。

东方紫金牛绿篱景观

适应地区

原产于我国海南、台湾。

生物特性

喜向阳处，忌强烈阳光直射，耐阴蔽。喜温暖、湿润的环境，不耐严寒。自然生于海拔300~2000m的山坡或阴湿地段的杂木林下或路旁灌木丛。生长缓慢，耐修剪，有较强的萌芽更新能力。

繁殖栽培

播种或扦插繁殖。可于秋季采种后立即播种。选1~2年生木质化的健壮枝条，剪取10~20cm长的小段，扦插于以疏松的蛭石、珍珠岩或沙等为主的基质中，插后立即浇透水。宜种植在疏松、肥沃、湿润、日照不强的地方，最好先预埋基肥。夏季炎热时要注意遮阴和浇水，一般每年追施3~4次厩肥和草木灰。作绿篱用，可适当修剪，以保持良好的景观。

景观特征

叶形雅致、清秀，叶面青绿色，幼时红褐色，光滑且清凉，叶片观赏价值高。成行、成丛种植，修剪成平整的绿篱，整齐大方。或适当控制其侧枝生长，让其成自然式绿篱，则色彩鲜艳，生机盎然。

园林应用

成树果实累累，叶簇翠绿，生性强健。其耐风、耐阴、抗瘠薄，适于做绿篱、修剪造型、庭园美化或大型盆栽。

东方紫金牛花、果特写

龟甲冬青

别名：龟纹波缘冬青、龟甲黄杨
科属名：冬青科冬青属
学名：*Ilex crenata var. nummularia*

龟甲冬青
枝叶特写

形态特征

多枝常绿灌木，高 1~2m。植株呈丛生状，树皮灰黑色。侧枝上有棱，幼枝上疏生短柔毛。叶片呈皮革状，簇生于枝条先端，倒卵形，先端钝圆，上半部分生有 7 个浅锯齿，呈龟甲状，形状奇特；叶柄很短，上有微毛；叶面呈暗绿色，有光泽，平滑无毛，叶背有腺点。雌雄异株，花单性，小花白色；雄花 3~5 朵组成聚伞花序，着生在当年生枝条的叶腋间，雌花单生，花瓣 4 枚，中央具雌蕊 1 枚，呈圆锥状。果实球形，成熟后黑色。花期 5~6 月。

适应地区

原产于我国亚热带和温暖地区，现广泛应用于长江流域及以北地区。

生物特性

较耐寒，在淮河流域地栽时可露地越冬。喜湿润的气候，比较耐阴。在南方多湿的环境条件下，栽在阳光充足的地方也能正常生长，但不能忍耐北方的烈日曝晒，夏季怕酷暑。喜疏松的腐殖质土，在酸性土中生长良好，碱性土中叶片黄化。较耐干旱，也耐水湿，极耐修剪。

龟甲冬青绿篱景观

繁殖栽培

可用播种、扦插及分株法。播种可在 10 月下旬进行，让种子在苗畦内天然沙藏一冬，翌年 4 月中下旬可全部出苗。

景观特征

叶姿有形，叶上半部分呈龟甲状，妙趣横生，做绿篱可种植成直线形、"之"字形，或修剪成高低不同层次的立体景观。

园林应用

在园林中可成行密植在道路两侧和草坪四周作绿篱使用，四季常青，也可单株散植在风景区高大的林木下面，或栽在树坛中，通过精细的修剪可形成各种造型。

＊园林造景功能相近的植物＊

中文名	学名	形态特征	园林应用	适应地区
花叶波缘冬青	*Ilex crenata var. variegata*	叶缘波纹状，叶面上有黄色斑纹，斑纹大小不一；在一棵树上还有纯黄和纯绿的叶片间杂着生	同龟甲冬青	同龟甲冬青
豆叶波缘冬青	*I. crenata*	叶片密生，厚革质，椭圆形，上半部分有浅锯齿；叶面上有圆形的豆状物	同龟甲冬青	同龟甲冬青

海桐花

别名：山瑞香、七里香、山矾
科属名：海桐花科海桐属
学名：*Pittosporum tobira*

形态特征

灌木或小乔木，最高可长到 5m。枝叶密生，树冠圆球形，枝条近轮生，干灰褐色，嫩枝绿色。单叶互生，有时在枝顶簇生，倒卵形或卵状椭圆形，厚革质，表面深绿色，光滑，具光泽，叶边缘向下内卷。5~6 月开乳白色或淡绿色的小花，有香味，成顶生伞形花序。蒴果卵球形，9~10 月成熟，熟时 3 瓣状开裂，露出鲜红色的种子。有栽培变种银边海桐（var. *variegatum*），叶边缘具有白斑。

海桐花果特写

银边海桐叶特写

适应地区

原产于我国长江流域，我国东部、南部沿海地带，如江苏、浙江、福建、广东、海南、广西、台湾、香港、澳门等地适宜应用。

生物特性

中性树种，喜阳光，也耐半阴。喜温暖、湿润的环境。适应性强，对土壤的要求不严，在黏土、沙土上均能生长，有一定的抗寒、抗旱力，耐盐碱。萌芽力很强，耐修剪。

繁殖栽培

用播种、扦插繁殖。主要用播种法，于每年 9~10 月果熟将开裂时采收种子，略晾开阴干取出种子后立即进行苗床播种，播种床宜用禾草等覆盖，大约翌年春季发芽。城市绿化一般都选用营养袋苗，因海桐的株形较大，种植时可用 40cm×40cm 或 50cm×50cm 的株行距，栽后修剪整齐。在栽培管理过程中，经常会发生蚜虫、介壳虫等危害，应经常修剪，保证通风透光，发生虫害初期应及时喷 40% 的氧化乐果 1000 倍液等农药防治。

景观特征

枝叶茂密，下枝覆地，自然生长呈圆球形，叶色浓绿而有光泽，经冬不凋；初夏花朵清丽芳香，入秋果熟开裂时露出红色种子，也颇美观，是南方城市及庭园常见的绿化观赏树种。

园林应用

通常用做房屋基础种植及绿篱材料，可孤植或丛植于草坪边缘或路旁、河边，也可群植组成色块。为海岸防潮林、防风林及厂矿区绿化树种，并宜做城市隔噪声和防火林带的下层树种。华北地区多进行盆栽观赏，低温时可在温室越冬。

海桐花特写

海桐花绿篱景观

海桐花绿篱景观

海桐花绿篱景观

红花檵木

别名：红檵木
科属名：金缕梅科檵木属
学名：*Loropetalum chinense* var. *rubrum*

形态特征

常绿灌木。枝条茂密，嫩枝被暗红色星状毛。叶互生，卵形，革质，全缘，暗绿色或暗红色，嫩叶淡红色。短穗状花序，花瓣4枚，紫红色，簇生于枝顶，花瓣带状线形，如菊花瓣状。蒴果木质，倒卵形。种子长卵形，黑色，光亮。花期从11月至翌年4月，果期9~10月。品种较多。原变种花白色，叶绿色。

适应地区

我国云南、贵州、湖南、江西、福建、广东等地均可栽植，但以广东以北地区生长较好。

生物特性

亚热带树种，喜温暖、向阳的环境和肥沃、湿润的微酸性土壤。适应性强，耐寒、耐旱，不耐瘠薄。发枝力强，耐修剪，耐蟠扎整形。

檵木花枝

红花檵木果枝特写

繁殖栽培

主要用扦插繁殖。于每年春季进行，选择一年生健壮、无病虫害的枝条，将其剪成10~15cm长，直接插入育苗袋中，1~2个月便出根。红花檵木是一个很粗生的树种，比较适宜在凉爽的地方生长，一般春季及秋季生长较旺。栽植时应施足基肥，生长季节适当施肥。

景观特征

植株枝叶茂密，叶色暗红，花鲜艳漂亮，是重要的彩叶树种。可丛植或列植，鲜花开放、新叶吐珠时，呈现一派欣欣向荣、繁花似锦的景象。春季花、叶俱荣，秋季红叶似血，夏季彩叶斑斑，观赏价值极高。

园林应用

在庭园小径两侧、建筑物四周、小花园及绿化地带、草坪周围均可栽植做彩篱。单株修剪成球栽植于草坪中央，效果也相当不错，还可片植、丛植做花坛或塑造图案用的植物。

红花檵木绿篱景观

红花檵木绿篱景观

红花檵木绿篱景观

厚皮香

别名：岩红树、珠木树、猪血柴、水红树
科属名：山茶科厚皮香属
学名：*Ternstroemia gymnanthera*

厚皮香花枝 ▷

形态特征

常绿灌木或小乔木，最高可达 15m。枝条灰绿色，无毛。叶通常聚生于枝端，呈假轮生状，倒卵形至长圆形，顶端钝圆或短尖，基部楔形，全缘，表面绿色，背面淡绿色，中脉在表面下陷，侧脉不明显；具叶柄。花淡黄色，花柄稍下垂。果实圆球形，呈浆果状，干燥，萼片宿存。花期 7~8 月。

适应地区

分布于华东、华中、华南、西南等地，南京、上海、杭州也有栽培。

生物特性

喜阴湿的环境，在常绿阔叶树下生长旺盛。也喜光，能耐 -10℃低温。喜酸性土，也能适应中性土和微碱性土。根系发达，抗风力强，萌芽力弱，生长缓慢。抗污染力强。

繁殖栽培

播种和扦插繁殖。种子发芽率 50%~60%，忌湿水。春播，播后 40 天左右出苗，一年生苗高 20~30cm。扦插时插穗用生根粉处理 1~2 小时，可保持较高成活率。做绿篱时，可以用大苗或中苗移栽，起苗时最好带土，适当修剪造型。移栽后填土打紧，盖松土，浇透水一次。后期要加强肥水管理，特别要加强盛夏季节的追肥和浇水。

厚皮香绿篱

景观特征

树冠浑圆，枝平展成层，叶厚有光亮，姿态优美。初冬时节，部分叶片由墨绿转绯红，远看疑是红花满枝，分外鲜艳。诗句"夏季开花有浓香，深秋果熟带红黄。四季常青绿常在，部分红叶傲寒霜"，很好地描绘了厚皮香的景观特点。

园林应用

适应性强，又耐阴，树冠浑圆，叶色入冬转绯红，是较优良的基础种植材料，适宜种植在林下、林缘等处。抗有害气体性强，又是厂矿区的绿化树种。

---

* 园林造景功能相近的植物 *

中文名	学名	形态特征	园林应用	适应地区
日本厚皮香	*Ternstroemia japonica*	叶革质，通常全缘。果椭圆形	同厚皮香	华东一带有栽培

红果仔

别名：红占果、番樱桃、毕当茄
科属名：桃金娘科番樱桃属
学名：*Eugenia uniflora*

红果仔枝叶特写

形态特征

常绿灌木。树皮灰白色，光滑，骨节分明。叶对生，纸质，卵形至卵状披针形，长2~3cm，宽约1.5cm，上面颜色发亮，下面颜色较浅，两面无毛，有无数透明腺点，嫩芽、嫩叶红色。春季开花，花白色，稍芳香，单生或数朵聚生于叶腋，短于叶，萼片4枚，外反。浆果球形，似灯笼，有8棱，熟时深红色，内有种子1~2颗。

适应地区

适宜我国广东、广西、福建、海南、台湾、香港、澳门等地露地栽培应用。

生物特性

喜光，略耐半阴，喜温暖气候，不甚耐寒。喜土壤疏松、深厚、肥沃、湿润而又排水好的生长环境。

繁殖栽培

可用扦插、圈枝或播种育苗，生产上用播种的方法最简单方便。果熟后及时采摘，剥去果皮，洗干净后直接播于育苗袋或育苗床中，半个月即出苗，非常快捷。绿化可用5斤袋苗或7斤袋苗，按每平方米9~16株的密度种植，种后修剪整齐。红果仔是一个粗生快长的树种，管理方便，适当加强肥水管理，有利于生长。

红果仔株形

红果仔绿篱景观

景观特征

分枝多且密，株形紧凑，修剪后能较长时间保持造型，幼叶春发时叶色由绿到红，五彩缤纷。每年春、夏间果熟时，植株上挂满一个个红灯笼，非常漂亮。

园林应用

可栽植于阳光充足或半阴的环境，常用于休闲广场、居民小区及学校等单位内小型花坛、草地周围作绿篱使用。可单株种植，并修剪成球形，也可丛植、盆栽观赏，或修剪成盆景。

黄杨

别名：小叶黄杨、豆瓣黄杨、瓜子黄杨
科属名：黄杨科黄杨属
学名：*Buxus sinica*

形态特征

常绿灌木或小乔木，高 5~6m。树皮灰色，鳞片状剥落。植株枝条茂密，小枝四棱形，小枝及冬芽鳞均有短柔毛，枝叶均斜向上生长。叶对生，全缘，披针形或倒卵形，先端有缺裂，叶面深绿色，具光泽，叶背苍白色。花穗状，簇生于叶腋，小花黄色，有臭味。蒴果，卵圆形紫黄色。种子黑色有光泽。花期春季。

适应地区

原产于我国中部各省区，我国大部分地区均可应用。

生物特性

亚热带树种，萌生性强，耐修剪。烈日之下叶片往往发黄并且导致生长不良，水分太多也会影响其生长。对土壤要求不高，酸性、中性或微碱性土均能适应，但喜欢生长在疏松、肥沃之地。

黄杨枝叶特写

繁殖栽培

可用播种或扦插法繁殖。播种可以在采种后即时进行，也可以在采种后将种子沙藏到早春才播种。扦插在春季进行，剪取约 15cm 长的枝条做插穗，用黄泥拌少量沙做插床插苗，遮阴保湿，大约 60 天可出根。扦插苗用育苗袋培育。黄杨枝叶密集，是半阴环境很好的绿篱树种，种植绿篱可选用袋苗，种植密度为每平方米 9~16 株。黄杨生长较慢，种植后要加强肥水管理，以快速成形。

景观特征

黄杨树姿优美，叶小如豆瓣，质厚而有光泽，四季常青，可终年观赏。枝叶可加工成"云片"状，平薄如削，用来点缀山石，雅致美丽。春季嫩叶初发，满树嫩绿，十分悦目。

园林应用

枝叶茂盛，翠绿可爱，一般用做绿篱树种和修剪成球形，也可植于疏林，作林下或林缘布置，现也常与红叶的红花槛木、金黄色叶的金叶女贞等灌木组成色块。

黄杨绿篱景观

雀舌黄杨枝叶特写

中文名	学名	形态特征	园林应用	适应地区
锦熟黄杨	*Buxus sempervirens*	叶革质，椭圆形、卵形或长椭圆形，先端钝或微凹	同黄杨	同黄杨
金边黄杨	*B. sempervirens* var. *marginata*	叶边金黄色	同黄杨	同黄杨
银边黄杨	*B. sempervirens* var. *argenea*	叶边金黄色	同黄杨	同黄杨
雀舌黄杨	*B. bodinieri*	小枝纤细，具四棱。单叶对生，叶窄长倒披针状，或披针状椭圆形，全缘，中脉在两面隆起	同黄杨	同黄杨

黄杨绿篱景观

黄杨绿篱景观

雀舌黄杨绿篱景观

鸡爪槭

别名：青枫
科属名：槭树科槭树属
学名：*Acer dalmatum*

形态特征

落叶小乔木，高可达 10m。树冠扁圆形或伞形。小枝光滑、细长，紫色或灰紫色。单叶对生，掌状 7 裂，基部近楔形或近心脏形，裂片披针形，先端锐尖，边缘具锯齿，嫩叶两面密生柔毛，老叶表面无毛，叶片入秋后变红。5 月开花，花紫色，伞形状伞房花序。翅果平滑，10 月果熟。品种有红枫（cv. Atropurpureum），叶深裂几达叶片基部，叶红色或紫红色；细叶鸡爪槭（cv. Dissectum），叶掌状深裂达基部，为 7~11 裂，裂片有羽状分裂，具细尖齿；深红细叶鸡爪槭（cv. Ornatum），叶片呈紫红色；金叶鸡爪槭（cv. Aureum），叶常年金黄色；花叶鸡爪槭（cv. Reticulatum），叶黄绿色，边缘绿色；斑叶鸡爪槭（cv. Versicolor），叶上有白斑或粉红斑。

适应地区

我国分布于长江流域各省，山东、河南、浙江也有分布。

生物特性

喜温暖、湿润、凉爽的环境，喜光，但怕烈日，属中性偏阴树种，夏季遇干热风吹袭会造成叶缘枯卷，高温、日灼还会损伤树皮。较耐寒，在黄河流域一带，冬季气温低达 -20℃，但只要环境良好，仍可露地越冬。在微酸性、中性和石灰性土中均可生长。

繁殖栽培

一般原种用播种法繁殖，而园艺变种常用嫁接法繁殖。秋天果熟后采收，晾晒去翅后即可秋播，也可以藏至翌年春播。条播行距

鸡爪槭枝叶特写

15~20cm，覆土厚约 1cm。嫁接可用切接、靠接及芽接等法。可粗放管理，春、夏间宜施 2~3 次速效肥，夏季保持土壤适当湿润，入秋后土壤以偏干为宜，做彩篱可适当修剪。

景观特征

树姿优美，枝繁叶茂，叶形秀丽，变种繁多，叶色多样，有红色、紫色和黄色等，是著名的园林观赏和庭园绿化树种，也是珍贵的家庭盆栽品种。

园林应用

鸡爪槭叶形美观，入秋后转为鲜红色，色艳如花，灿烂如霞，为优良的观叶树种。植于草坪、土丘、溪边、池畔和路隅、墙边、亭廊、山石间点缀，均十分得体。若以常绿树或白粉墙作背景衬托，尤感美丽多姿。制成盆景或盆栽用于室内美化，也极雅致。

鸡爪槭枝叶特写

鸡爪槭绿篱

鸡爪槭绿篱

黄榕

别名：黄金榕、金叶小叶榕、黄叶榕
科属名：桑科榕属
学名：*Ficus microcarpa* cv. Golden Leaves

形态特征

常绿灌木至小乔木。树冠广阔，树干多分枝，有气生根，全株有乳汁。单叶互生，椭圆形或卵圆形，革质，叶表光滑，叶缘整齐，叶有光泽，新叶金黄色，老叶变绿色；托叶明显，早落，脱落后在节上留有环痕。花单性，同株，生于隐头花序内，花托的开口处有多数苞片。果实黄色或红褐色。

适应地区

产于我国东南部、南部、西南部等地，我国南方地区均可栽培应用。

生物特性

阳性植物，需强光，不耐阴。喜温暖、湿润的南方气候。耐瘠薄，喜深厚、疏松、肥沃、含腐殖质丰富的土壤。生长快，管理要求粗放，萌芽力强。抗污染、耐修剪、易移植。

繁殖栽培

主要用扦插繁殖。最适宜的季节是春夏之交，即3月中旬至5月这段时间，取黄榕带顶芽的

黄榕绿

尾段做插穗，每段插穗的长度剪成10~15cm，将插穗直接插入育苗袋中，约20天出根，2~3个月即成绿化用的袋苗。管理较粗放，南方一年四季均可移植，移植后浇足水即可成活，成活后给予适当肥水管理，则生长旺盛，枝叶密集，叶色金黄。生长季节为了保持良好的造型景观效果，应勤于修剪。

景观特征

枝叶密集，叶色金黄，生命力强，丛植或列植用做绿篱，整齐、美观、大方，如修剪成各种象形图案或造型，栩栩如生，是绿色雕塑的重要植物材料。

园林应用

树性强健，叶色金黄亮丽，适宜做行道树、园景树、绿篱树或修剪造型，也可构成图案、文字。在庭园、校园、公园、游乐区、庙宇等地，均可单植、列植、群植或利用其来强调色彩变化。

黄榕绿篱景观

黄榕枝叶特写

黄榕绿篱景观

黄榕绿篱景观

黄榕绿篱景观

黄榕绿篱景观

黄榕绿篱景观

中文名	学名	形态特征	园林应用	适应地区
榕树	*Ficus microcarpa*	常绿大乔木，是南方优良的乡土树种。枝条上有托叶环痕，叶片卵圆形或矩圆形。撕伤叶片后伤口会流出乳汁状的树汁	主要做遮阴树、行道树、景观树	我国华南地区、台湾、香港、澳门等地均可露地栽植

雪柳

别名：五谷树、过街柳
科属名：木犀科雪柳属
学名：*Fontanesia fortunei*

雪柳果枝特写

形态特征

落叶灌木或小乔木，最高可达 8m。树皮灰褐色。枝灰白色，圆柱形，小枝淡黄色，四棱形或具棱角，无毛。叶片纸质，披针形或卵状披针形，全缘；叶柄长 1~5mm，上面具沟，光滑无毛。圆锥花序顶生或腋生，花两性或杂性同株，白色带绿；花萼杯状，深裂；花冠深裂至近基部，裂片卵状披针形。小坚果黄棕色，倒卵形，扁平，先端微凹，花柱宿存，边缘具窄翅。种子具三棱。花期 4~6 月，果期 6~10 月。

适应地区

原产于河北、陕西、山东、江苏、安徽、浙江、河南及湖北东部。生于海拔 800m 以下的水沟、溪边或林中。

生物特性

中性植物，适应性强，喜光，稍耐阴。喜温暖，但也较耐寒，耐修剪。喜湿润、肥沃的土壤，也耐干旱，耐轻度盐碱。对二氧化硫等有害气体有一定抗性，可用于城市和工矿企业的绿化，减轻污染。

雪柳绿篱景观

繁殖栽培

扦插繁殖。6 月中旬采生长健壮、无病虫害的当年生枝条，截成长 15cm 左右的带叶枝段做插穗，上口平，下端斜切，用生根剂处理，插于苗床，一般 15~20 天形成愈伤组织，40 天生根，成活率高。也可播种或压条繁殖。移植初期注意肥水管理，保持土壤湿润，每年追肥 2~3 次，并适度修剪造型。如果栽植时已预埋基肥，成活、成形后，几年不施肥都能保持良好的景观效果。萌芽力强，耐修剪，耐粗放管理，病虫害少。

景观特征

枝条稠密柔软、飘柔雅逸。繁花似雪并伴有微香，做绿篱时，稍作修剪，柔中带刚，便给人别样的感觉。

园林应用

叶子细如柳叶，开花季节白花满枝，具较强的萌蘖能力。耐修剪，适宜做绿篱、绿屏，也可以布置在河边、池畔，用做防风固沙林的中下层树种也很相宜。也可在庭园中孤植观赏，还是非常好的蜜源植物。

雪柳绿篱景观

垂榕

别名：垂叶榕、白榕、白肉榕
科属名：桑科榕属
学名：*Ficus benjamina*

形态特征

常绿乔木，高可达 20m。树冠广阔。树皮灰白色、平滑。植株具有乳汁状汁液，植株分枝多，枝叶密集，新枝柔软而下垂。叶互生，薄革质，有光泽，卵形或椭圆形，有尾尖，侧脉平行且细而多，叶色深绿。隐头花序单生或成对腋生，果球形，成熟时黄色。品种有黄果垂榕（*Ficus benjamina* var. *nada*），枝条细软下垂，叶较小而细长；斑叶垂榕（*Ficus benjamina* var. *variegata*），叶片具黄绿相杂的斑纹；金叶垂榕（cv. Golden Leaves）；金边垂榕（cv. Golden Princess）。

适应地区

原产于热带、亚热带地区。我国广东、广西、福建、台湾、海南、香港、澳门等地适宜露地栽植。

生物特性

喜光，喜温暖、高湿的环境。性强健，耐旱、耐瘠薄，喜疏松、肥沃的土壤，较耐水湿，不甚耐寒。垂榕粗生快长，萌芽力强，耐修剪。

繁殖栽培

主要用扦插繁殖。一般以春季到夏初这段时间最好，剪取枝条的尾段，长 15~20cm，将下部的叶片剪去，保留顶芽及叶片，将插穗直接插入育苗袋中，遮阴保湿，约 20 天便可出根，经过 2~3 个月的培育，便成绿化用苗。适宜作高篱应用，种植时可用 5 斤袋以上的大苗，株距 1~2m，种植后将植株的高度统一修剪整齐。生长季节加强肥水管理、经常修剪，促进其快速生长，以形成良好的景观效果。

垂榕绿篱景观

斑叶垂榕枝叶特写

景观特征

枝叶密集，枝条软垂，叶色常年苍绿，树体温柔高大，形态婀娜多姿，修剪成各种造型，如垂榕柱、垂榕墙等，非常漂亮、大气。

园林应用

垂榕是近年来用得很多的造景树种，可以做造型植物，修剪成各种象形造型，如球、柱以及动物的形态等。可以做高篱，起遮挡、遮丑等用途，也常用作行道树使用。

垂榕隐头花序特写

垂榕绿篱景观

垂榕绿篱景观

垂榕绿篱景观

罗汉松

别名：罗汉杉、土杉
科属名：罗汉松科罗汉松属
学名：*Podocarpus macrophyllus*

罗汉松种托
及枝叶特写

形态特征

常绿乔木，高可达 20m。树皮灰褐色，有浅裂纹。枝条密集。叶螺旋状着生，叶条状披针形，两边中脉明显凸起，叶背有时被白粉，微向叶背卷曲，革质，全缘，叶色深绿，有光泽。雌雄异株，雄球花穗状，簇生于叶腋，雌球花单生于叶腋。花期 4~5 月。种子广卵形或球形，8~9 月成熟，初为深红色，后变为紫色，有白粉；其种子似头状，种托似袈裟，全形宛如披袈裟之罗汉，故而得名罗汉松。品种有小叶罗汉松（*Podocarpus macrophyllus* var. *maki*），叶短小、狭窄，密集螺旋状着生于小枝顶端；短叶罗汉松（cv. Condensatus），叶特短小，密生；狭叶罗汉松（var. *angustifolius*），叶较狭，先端成长尖头；柱冠罗汉松（var. *chingii*），树冠柱状，叶较狭小。

适应地区

原产于我国云南。适宜在长江流域及以南地区应用。

生物特性

中性偏阴的树种，宜半阴的生长环境，喜温暖、湿润气候，耐寒性略差，怕水涝和强光直射，在全日照的条件下也能正常生长。要求肥沃、排水良好的沙壤土。在华北地区只能做盆栽。耐修剪，寿命长，对二氧化硫、硫化氢、二氧化氮等有害气体有较强的抗性。

繁殖栽培

可用播种或扦插育苗，一般在春季进行。剪取罗汉松的侧枝顶端长约 15cm，去掉下端的部分叶片，然后将插穗插入以黄泥拌沙为

罗汉松绿篱景观

基质的插床中，淋透水后遮阴，大约 2 个月出根。绿化常用大袋苗，种植的株距为 1~1.5m，种植时一定要整齐。修剪时若剪口以下没有留枝叶，剪截后的枝段容易枯死，所以罗汉松的修剪应格外小心，一般以自然形态为主，因此罗汉松适宜作高篱使用。

景观特征

树冠圆锥形，枝叶茂密，四季常青，用它营造景观，或庄严肃穆，或青翠欲滴。

园林应用

可用于较大的庭园主干道两侧及陵园周围等作高篱应用，除了有美化作用外，还能起到隔离空间、制造幽静氛围的效果，并且有较强的防风能力。还可以孤植、对植、列植、片植欣赏。

十大功劳

别名：狭叶十大功劳、猫儿头
科属名：小檗科十大功劳属
学名：*Mahonia fortunei*

十大功劳
花序特写

形态特征

常绿丛生灌木，高达 2m。茎具棱或槽沟。1 回羽状复叶互生，长 15~30cm，小叶 5~9 对，革质、坚硬，狭披针形，侧生小叶片等长，顶生小叶片最大，均无柄，先端急尖或渐尖，边缘有刺针状锯齿。叶片秋天变红色，鲜艳夺目。总状花序，腋生；萼片 9 枚，3 轮；花瓣黄色，6 枚，2 轮。果球形，暗蓝色而被白粉。花期 7~10 月。

适应地区

原产于我国长江流域各地，生于山谷、林下湿地，长江流域及以南地区可露地栽培应用。

生物特性

喜阳光，喜温暖、湿润、半阴的环境。较耐旱，怕水涝，在干燥的空气中生长不良。对土壤要求不严，以疏松、肥沃、腐殖质丰富的土壤为佳，盐碱土不利于生长。在南方，它是一种较为耐寒的植物种类。

繁殖栽培

可用播种、扦插、分株等方法繁殖育苗。播种宜即采即播，直接将种子点播在育苗袋里。扦插在早春进行，剪取成熟的枝段，用沙床插植，注意保温、保湿。分株可在 3~4 月进行。属于较为耐阴的树种，一般宜在树冠的下层作绿化用。可用袋装苗或盆栽苗，种

十大功劳绿篱景观

植规格为 40cm×40cm，种植后修剪整齐，平时要注意加强肥水管理。

景观特征

株形秀美，亭亭玉立，叶形奇特，叶色艳丽，是观赏植物中的珍品，做绿篱时有防护功能。

园林应用

叶形奇特，典雅美观，可点缀于假山上或岩隙、溪边。盆栽植株可供室内陈设，因其耐阴性能良好，可长期在室内散射光条件下养植。在庭园中也可栽于假山旁或石缝中，不过最好有大树遮阴。

✳ 园林造景功能相近的植物 ✳

中文名	学名	形态特征	园林应用	适应地区
阔叶十大功劳	*Mahonia bealei*	常绿灌木。羽状复叶，小叶 9~15 片，叶卵形或椭圆形，边缘反卷，有 2~5 个大刺状锯齿，叶暗绿色	适宜盆栽或地栽观赏	长江流域及以南地区适用

石楠

别名：千年红、扇骨木
科属名：蔷薇科石楠属
学名：*Photinia serrulata*

形态特征

常绿灌木或小乔木，高 4~6m，也可高达
12m。树形紧凑，树皮暗褐色，全体无毛。
叶螺旋状互生，革质，全披针形或长椭圆形，
叶边缘有不整齐的锯齿，老叶深绿色，嫩叶
鲜红色；叶柄长 2~4cm。伞房花序，夏季
开花，花白色。梨果球形，10 月成熟，熟时
红色。品种有红叶石楠，幼叶红色。

石楠嫩叶

适应地区

原产于我国华东、中南、西南地区和陕西，
长江流域及其以南地区可以栽培应用。

生物特性

弱阳性植物，喜光，喜温暖，也耐半阴。耐
瘠薄，能生长在石缝中，喜疏松、肥沃的土
壤，较耐旱，但不耐水湿，忌水渍和排水不
良的黏土。也较耐寒，能耐短期的 -15℃低
温，在西安可露地越冬。生长慢，萌芽力强，
耐修剪。

繁殖栽培

以播种繁殖为主。种子要进行层积，翌年春
天播种。也可在 7~9 月进行扦插或于秋季进
行压条繁殖。作绿化应用时一般宜用袋装苗，
作绿篱使用时种植规格为 40cm×40cm，种
植后离地面约 30cm 处修剪整齐，促其分枝。
生长季节加强肥水管理，封行后应经常修
剪，以维持良好的景观。

景观特征

树冠美，终年常绿，枝条能自然发展成圆头
形树冠，美观可爱。叶片翠绿色，具光泽，
其嫩枝幼叶红色，老叶秋后则部分出现赤红
色。春季萌芽时可赏叶，初夏可赏白色小花，
秋后圆形红色果实累累，可以赏果。

园林应用

耐修剪，做绿篱效果最佳。丛栽能形成低矮
的灌木丛，可与金叶女贞、红叶小檗、扶芳
藤、俏黄芦等组成美丽的图案，获得优良的
绿化美化效果。可以孤植或丛植，在公园或
风景区内根据绿化布局需要，可修剪成球形
或圆锥形。

石楠花序

石楠果序

石楠绿篱景观

罗木石楠枝叶

罗木石楠绿篱景观

日本桃叶珊瑚

别名：桃叶珊瑚、青木、东瀛珊瑚
科属名：山茱萸科桃叶珊瑚属
学名：*Aucuba japonica*

形态特征

常绿灌木。植株丛生，小枝粗圆。叶对生，椭圆形或椭圆状披针形，边缘有疏锯齿，先端急尖或渐尖，薄革质，两面油绿光亮。圆锥花序顶生，花小，紫红色或暗绿色，雌雄异株。核果，短椭圆形，红色。花期3~4月，11月至翌年2月果成熟。品种有矮桃叶珊瑚（*Aucuba japonica* var. *borealis*），树矮小，叶形小；花叶桃叶珊瑚（*Aucuba japonica* var. *variegata*），叶片上有金黄色或白色斑点；大叶桃叶珊瑚（*Aucuba japonica* var. *limbaat*），叶片较大。

适应地区

我国华东、华中、华南等地园林中适宜应用。

生物特性

适应性强，喜半阴，喜温暖、潮湿的生长环境，不甚耐寒。在林下疏松、肥沃、排水良好的微酸性或中性土壤生长繁茂。耐修剪，病虫害少，对烟害的抗性很强。

繁殖栽培

主要用扦插繁殖。一般在春夏之间进行，插穗可用成熟或半成熟的枝条，剪成15cm左右的一段，插在沙床里，淋透水后盖上薄膜保温，上再盖阴棚遮阴，大约1个月发根。也可用播种繁殖。种植地宜选中性偏阴的环境，可作中层绿化应用。做绿化用苗宜选用袋装苗，苗木种植后修剪整齐。生长季节应加强肥水管理，盛夏酷暑时节应防烈日曝晒。

日本桃叶珊瑚绿篱景观

日本桃叶珊瑚果序

作绿篱应用时应经常修剪，以保持良好的景观效果。

景观特征

植株丛生，枝叶密集，品种多，色彩艳丽。特别是花叶品种，丛植或列植于行道树下修剪成各种造型的彩篱，能塑造层次感，并可为景观添姿增色，是很好的彩叶树种。

园林应用

枝繁叶茂、凌冬不谢，是珍贵的耐阴灌木。宜配置于门庭两侧树下、庭院一隅、池畔湖边和溪流林下，凡阴湿之处无不适宜。若配置于假山上作花灌木的陪衬，或做树丛林缘

日本桃叶珊瑚枝叶

的下层基础树种，也协调得体。也可以盆栽观赏，枝叶可做插花材料。

日本桃叶珊瑚绿篱景观

正木

别名：大叶黄杨、冬青卫矛、万年青
科属名：卫矛科卫矛属
学名：*Euonymus japonicus*

形态特征

常绿灌木，高 3m。树冠球形。小枝略为四棱形，枝叶密生。叶对生，倒卵形或椭圆形，长 3~5cm，先端圆阔或急尖，基部楔形，边缘有钝锯齿，表面深绿色，革质有光泽。聚伞花序，小花 5~12 朵，花序梗长 2~5cm，2~3 次分枝，花白绿色，直径 5~7mm，花瓣近卵圆形，6~7 月开花。蒴果球形，直径约 8mm，淡红色，10 月成熟。种子假种皮橘红色。栽培品种很多，有金边黄杨（var. *aureomarginata*），叶边缘黄色；银边黄杨（var. *albamarginata*），叶边缘白色；金心黄杨（var. *aureo-variegata*），叶心具黄色斑点；细叶正木（cv. Microphyllcus）、金心冬青卫矛（cv. Mediopictus）等。

适应地区

我国及周边国家都有分布，各地均可应用。

生物特性

阳性树种，喜光，也喜半阴。适应性强，较耐寒，喜温暖、湿润的环境，生长适温为 20~28℃。耐干旱和瘠薄，对土壤的要求不高，干、湿、砂、瘠等地均可生长，但疏松、肥沃之地生长较好。耐修剪，对多种有毒气体及烟尘抗性很强。

繁殖栽培

主要用扦插繁殖。一般于春、夏季进行，剪顶芽或中熟枝条，每段 7~10cm，剪去下端叶片，用发根剂处理后插入育苗袋中，按正常管理，经 40~50 天能发根。绿化一般用袋装苗，种植规格为 40cm×40cm，种植后修剪整齐。生长过程应加强肥水管理，枝叶

正木绿篱景观

疏少时应常摘心或修剪，促使侧枝萌发，以维持良好的景观造型。

景观特征

春季新叶娇嫩翠绿，非常漂亮，枝叶密集，又非常适合修剪成各种造型；品种繁多、色彩丰富，能改变颜色单一的绿篱景观。可长期使用，无需经常更换。

园林应用

新叶嫩绿洁净，叶有黄、白斑纹，清丽雅致，是理想的绿篱材料。适用于门庭和中心花坛布置，也可盆栽观赏。

正木花序

正木果实

正木枝叶特写

正木绿篱景观

正木绿篱景观

中文名	学名	形态特征	园林应用	适应地区
华北卫矛	*Euonymus hamiltonianus var. maackii*	灌木、小乔木。枝四棱形。叶对生，卵状菱形	同正木	东北、华北和西北地区

正木绿篱景观

金边黄杨枝叶特写

华北卫矛枝叶特写

华北卫矛绿篱景观

蚊母树

别名：蚊子树
科属名：金缕梅科蚊母属
学名：*Distylium racemosum*

蚊母树枝叶特写

形态特征

常绿乔木，高可达 25m，栽培后常为灌木状。枝叶密生，嫩枝及裸芽被垢鳞。单叶互生，长 3~7cm，厚革质，椭圆形至长椭圆形，或倒卵形，全缘，基部狭窄，先端钝或稍圆，侧脉在表面不明显，在背面略隆起；叶片常生有囊状虫瘿。总状花序腋生，花小而无花瓣，深红色，红色的雄蕊十分显眼，花期 3~4 月。蒴果球形，10 月成熟。品种有斑叶蚊母树（*Distylium racemosum* var. *variegatum*），叶较阔，叶面有黄白斑。

适应地区

原产于我国江西、广东、台湾等地，华南、华东地区可栽培应用。

生物特性

喜光，耐半阴，喜温暖、湿润的环境。对土壤要求不高，酸性、中性土壤均能适应，但以疏松、肥沃、排水良好的土壤为好。萌芽、发枝力强，耐修剪。对烟尘及二氧化硫、氯气等多种有毒气体抗性很强。

繁殖栽培

主要用播种繁殖。10 月种子成熟后及时采收，将种子密播于沙床中催芽，于第二年春季进行播种，将经催芽后的种子点播在育苗袋里。也可用嫩枝在梅雨季节扦插繁殖。由于蚊母树的移植较困难，因此在园林绿化中应使用袋苗，栽后适当疏去枝叶，成活率可提高。作绿篱应用时，在生长季节应注意经常修剪，以维持良好的景观。一般病虫害较少，但若种在潮湿、阴暗和不透风处，易遭介壳虫危害。

蚊母树花序

蚊母树绿篱景观

景观特征

蚊母树对二氧化硫及氯的抵抗力很强，其树冠开展，叶色浓绿，枝叶密集，经冬不凋，春天的细小红花颇为美丽漂亮，是很好的园林绿化和抗污染树种。

园林应用

是理想的城市及工矿区绿化及观赏树种，植于路旁、庭前草坪周围及大树下都很合适。成丛、成片栽植分隔空间或作为其他花木之背景，效果也佳，还可做绿篱和防护林带。

鹅掌藤

别名：鹅掌柴、鸭脚木
科属名：五加科鹅掌柴属
学名：*Schefflera arboricola*

形态特征

常绿藤状灌木，高 2~3m。小枝有不规则纵皱纹，无毛。掌状复叶互生，小叶 7~9 片，叶柄纤细；小叶片革质，倒卵状长圆形，先端尖，全缘，中脉在下面隆起；小叶柄有狭沟。圆锥花序顶生，主轴和分枝幼时密生星状茸毛，后渐脱落；花白色，花瓣 5~6 枚；雄蕊和花瓣同数而等长；无花柱，柱头 5~6 枚；花盘略隆起。果实卵形，有 5 棱。花期 7 月，果期 8 月。栽培变种有卵叶鹅掌藤（cv. Hong Kong），叶倒卵状椭圆形，先端圆；斑卵叶鹅掌藤（cv. Hong Kong Variegata），叶面有不规则黄色斑纹；端裂叶鹅掌藤（cv. Renata），叶端 2~3 裂；金边鹅掌藤（cv. Golden Marginata）等。

适应地区

产于我国台湾、广东及广西。生于谷地密林下或溪边较湿润处。

生物特性

喜光，甚耐阴，全日照至阴蔽地均能生长良好。喜高温、多湿，生育适温为 20~30℃。较耐修剪，耐旱性强，生长快速。对土壤要求不严，以肥沃、腐殖质丰富的砂质壤土为佳。

繁殖栽培

可扦插繁殖。于 6 月下旬，在健壮的母树上，选取当年生半木质化的枝条，用 0.2% 的多菌灵浸泡 15 分钟，取出，截成 5~8cm 长插条，插入苗床，约 20 天可生根。还可播种及压条繁殖。喜半阴的环境，用扦插苗在高温季节移栽时，在后几天内应遮光保护，并经常浇水，约每隔 10 天施肥一次。生长期注

鹅掌藤枝叶特写

鹅掌藤绿篱

意整形修剪和病虫害的防治。绿篱成形后，可粗放管理。

景观特征

掌状复叶，叶姿特别优美；品种多，叶色丰富，从翠绿到斑叶，多彩多姿；性耐阴，是阴地或建筑物背阳面极好的绿篱植物，能为庭园阴暗之处增添美好的景观。

园林应用

在行道树下列植能形成绿篱，丰富景观层次。四合院内、小区内花园周围均可列植或丛植修剪成绿篱，特异的叶形给人带来美的感受。还可盆栽欣赏，片植于建筑物阴暗面的死角，绿化效果也很好。

斑卵叶鹅掌藤花序

斑卵叶鹅掌藤绿篱景观

斑卵叶鹅掌藤绿篱景观

斑卵叶鹅掌藤绿篱景观

福建茶

别名：基及树
科属名：紫草科基及树属
学名：*Carmona microphylla*

形态特征

常绿灌木，高 1~3m。多分枝，树皮厚，灰白色，皮孔多。叶在短枝上簇生或在嫩枝上互生，叶片长椭圆形或匙状倒卵形，叶尾三棱形或五棱形，叶小，先端圆或截形，具粗圆齿，革质有光泽，叶面具白色小斑点和短硬毛。聚伞花序，花序梗细弱，被毛，花冠钟状，白色或稍带红色，春夏间开花。核果球形，熟时红色。有大叶、中叶、小叶三个品种。

适应地区

原产于我国东南部，华南各省区及台湾、香港、澳门等地均可正常地栽应用。

生物特性

是原产于热带的植物，喜光，喜暖湿的气候，不耐寒。喜在土层深厚、疏松、肥沃、腐殖质丰富的环境生长。

繁殖栽培

一般用枝条扦插育苗。于春季剪取福建茶的枝段，直接插入育苗袋中，淋透水，盖上草，20 多天便出根，约经 3 个月的培育便可作绿化苗使用。选做绿篱的主要用大、中叶品种，生产上一般用 3 斤袋或 5 斤袋苗，按每平方米 16~25 株的密度种植。福建茶是重要的景观植物，管理过程中的主要工作是修剪，生长季节每月修剪 1~2 次，以保持整齐的造型效果。

景观特征

枝叶繁茂，叶色墨绿，质感嶙峋，萌芽力强。耐修剪，修剪后轮廓分明，造型保持时间长，是修剪造型的重要植物种类。

福建茶绿篱景观

福建茶绿篱景观

园林应用

福建茶粗生快长，萌芽力强，耐修剪，是一种很好的绿篱植物。常丛植或列植于庭园主道两侧绿化带、小花园周围，可布置成花坛景观，也是岭南盆景的主要树种。

福建茶绿篱景观

福建茶绿篱景观

尖叶木犀榄

别名：吉利树
科属名：木犀科木犀榄属
学名：*Olea cuspidata*

尖叶木
犀榄枝
叶特写

形态特征

常绿灌木或小乔木。嫩枝近棱形，密被细小鳞片。叶交互对生，长披针形或纺锤形，顶端凸尖，边缘全缘，略内卷；中脉上面下凹，下面隆起，侧脉不明显；嫩叶淡黄色，成熟的叶片表面深绿色，革质有光泽，背面灰绿色。圆锥花序腋生，长 2.5~5cm，有锈色皮屑状鳞毛；花两性，白色，花期在夏季。核果椭圆状或近球形，暗褐色。

适应地区

原产于我国云南及四川西部，广东、广西、海南、福建、台湾、香港、澳门适宜种植。

生物特性

喜夏季高温日照强烈、冬季较温暖潮湿的气候，我国长江流域以南各省区均可生长。适应性很强，夏季能耐 40℃高温，冬季最低气温在 3℃左右一般不发生冻害。土壤 pH

尖叶木犀榄绿篱景观

值以 6~7.5 为宜。一般只要适宜种植柑橘或油橄榄的地区都基本适宜种植。

繁殖栽培

播种或扦插繁殖，但实生苗比扦插苗萌发力强，造型效果好。播种一般在春季进行，播种前用河沙催芽，条播或撒播均可，20 天左右开始出苗。可选 1~2 年生枝条按常规方法扦插繁殖。生产上一般用袋装苗，按每平方米 16~25 株的密度种植，种完后修剪整齐。尖叶木犀榄是一个非常粗放管理的树种，肥水充足则生长较快，平时应经常修剪整形，以保持景观效果。

景观特征

植株色泽深绿，叶片细长，枝叶密集，修剪成绿篱或球体造型，非常漂亮，是一个很好的造型树种。

园林应用

小枝相互交错，萌发力强，极耐修剪，在肥水充足的情况下，枝叶越剪越密。可根据需要随意修剪造型，非常适合于街道绿化或园林配景，是一种优良的园林绿化植物。

尖叶木犀榄绿篱景观

金叶女贞

别名：冬青、蜡虫树
科属名：木犀科女贞属
学名：*Ligustrum × Vicaryi*

金叶女贞果枝

形态特征

半常绿小灌木，高约 2m。冠幅约 1m，幼枝有短柔毛。单叶对生，叶片革质，椭圆形或卵状椭圆形，长 2~5cm，先端渐尖，全缘，幼叶金黄色，老叶黄绿色有光泽，叶背具腺点；叶柄短。圆锥花序顶生，花小、白色；花冠 4 裂，裂片平卷或稍反卷，花冠筒较花冠裂片稍长或近等长；雄蕊 2 枚，花药超出花冠外。核果阔椭圆形，熟时紫黑色。花期 6 月，果期 10 月。

金叶女贞绿篱景观

适应地区

加州金边女贞和欧洲女贞杂交育成，20 世纪 80 年代末引入我国，现全国各地均可种植。

生物特性

喜光，稍耐阴，如果光照不足，则新叶绿色，显示不出彩叶树种的特性，较耐寒。萌蘖性强，耐修剪，适应性强。对土壤要求不严，但以疏松、肥沃、排水良好的砂质壤土最佳。对二氧化硫、氯气等气体有较强的抗性。

繁殖栽培

以扦插繁殖为主。5~7 月剪取生长健壮、芽饱满的 1~2 年生枝条，截成 12cm 左右的插穗，除去下部叶片，插入以河沙为主的插床内，浇透水，约 20 天可生根发芽。早春带土移栽于阳光充足的环境，每年 5 月中旬和 9 月中旬进行修剪造型，由于萌发力强，生长快，可强剪，以增强绿篱观赏效果。生长季节可每月施肥 1~2 次。病虫害少，两年以后，除修枝整形外，其他可粗放管理。

金叶女贞枝叶

景观特征

生长旺盛，枝叶茂密，紧密栽植时仍能正常生长。修剪后能较快布满枝叶，保持旺盛的生长态势，而且叶色金黄，给人以喜悦和丰盛的收获感。如果小环境好，还能一年四季叶片不凋。

园林应用

整个生长季节内叶片呈金黄色，在阳光下灿烂夺目。园林中主要用做绿篱，还可用于花境、雕像背景、组字构图、整株造型等。与紫叶小檗、黄杨类等彩叶植物或叶色浓绿的植物搭配或成片栽种，景观效果更为独特。

金叶女贞绿篱景观

金叶女贞绿篱景观

金叶女贞绿篱景观

金叶女贞绿篱景观

金叶女贞绿篱景观

小驳骨丹

别名：小驳骨、接骨草、尖尾凤
科属名：爵床科驳骨草属
学名：*Gendarussa vulgaris*

形态特征

多年生草本或亚灌木，高约 1m。直立、无毛，茎圆柱形，节膨大。枝数多，对生，嫩枝常深紫色。叶纸质，狭披针形至披针状线形，长 5~10cm，宽 5~15mm，顶端渐尖，基部渐狭，全缘；叶柄长在 10mm 以内，上部的叶有时近无柄。穗状花序顶生，下部间断，上部花密；苞片对生，比萼长；花冠白色或粉红色，二唇形，上唇圆状卵形，下唇浅 3 裂。蒴果无毛。花期春季。该类植物品种少，栽培种有斑叶尖尾凤（*Gendarussa vulgaris* cv. Sil-very Stripe）。

适应地区

原产于中国南部和西南部。现我国南方地区常用来做园林植物。

生物特性

性坚韧，生命力强，对生长条件要求不高，不拘土质。抗性较强，耐热，较耐旱，喜阳光，又有一定耐阴性。喜高温，生育适温 20~28℃。生于村旁或路边的灌丛以及疏林中。耐修剪，冬季是休眠期，根茎能顺利越冬。

繁殖栽培

扦插繁殖，春季至秋季为适期。扦插时要选无虫、无病、生长健壮的枝条做插穗，每插穗至少带 2~3 个节，剪除下部叶，插于苗床

小驳骨丹花枝特写

中，也可直接插入栽培地。每年应修剪 1~3 次。应合理密植，注意保持良好的环境条件，加强光照，同时注意防虫、防病，在病害发生期，及时修剪病枝叶并加强肥水管理，促进苗木的新生。

景观特征

适宜做城市道路两旁灌丛绿化树种，叶片绿中带黄，各枝叶稠密但不显拥挤，姿态挺拔向上，视觉效果极佳，是优良的观叶植物之一。

园林应用

萌芽力强，枝叶繁茂，易于修剪成形，树冠绿中带黄，具有很好的绿化效果。其洁净清爽，也是庭园绿化栽培、城市道路丛植、列植以及花坛、草坪缘植和绿篱的上等材料。也可盆栽，用来装饰阳台或美化室内，也相当不错。

＊ 园林造景功能相近的植物 ＊

中文名	学名	形态特征	园林应用	适应地区
黑叶小驳骨	*Gendarussa ventricosa*	叶椭圆形或倒卵形。苞片覆瓦状重叠；花序顶生。蒴果被柔毛	同小驳骨丹	同小驳骨丹

斑叶尖尾凤枝叶特写

小驳骨丹绿篱景观

小驳骨丹绿篱景观

小驳骨丹绿篱景观

红苞花

别名：红楼花
科属名：爵床科红楼花属
学名：*Odontonema strictum*

红苞花花序特写▷

形态特征

常绿灌木，高1~4m。全株丛生状，茎枝自地下伸长，分枝稀少，小枝四棱形。单叶对生，卵状披针形，叶脉凸出，全缘，先端渐尖，叶色鲜绿有光泽，叶面皱褶。总状花序顶生，长15~25cm，具多而密的花；花红色，花冠管状，二唇形，喉部稍见肥大；花梗细长，赤褐色。夏季至冬季开花。瘦果。

适应地区

热带地区普遍栽培，我国华南地区庭园中也有种植。

生物特性

喜阳光，也耐阴，栽培地全日照或半日照均可，但日照充足、土壤肥沃的环境开花旺盛，阴蔽处则叶色翠绿，开花较少。喜高温、多湿气候，耐干旱，耐水湿，不耐寒，生育适温为20~32℃。对土壤要求不严，以疏松、肥沃、排水良好的壤土为佳。性强健，抗灰尘。

繁殖栽培

以扦插繁殖为主，全年均可进行。剪取1~2年生健壮、无病虫害的枝条为插穗，去除叶

红苞花绿篱

片，斜插于苗床即可，成活率高。移植初期要注意肥水管理，不可任其干燥，每月施薄肥一次。成活后，病虫害少，耐粗放管理。生长较快，注意修剪造型。

景观特征

枝叶较粗糙，绿篱景观效果有如朱槿，但是红苞花花序较有特色，其花序成串生长，花色鲜红，出花时参差不齐、错落有致、艳美璀璨。花期后，叶色仍鲜绿有光泽，是花、叶均具观赏性的绿篱植物。

园林应用

性强健，适应性强，可丛植或列植于城乡主干道两侧做绿篱，既吸尘，又可美化环境。还可列植或丛植于庭园乔木林下，丰富景观层次，也可孤植或对植修剪造型，是一种不错的园林植物。

红苞花绿篱景观

假连翘

别名：篱笆树、花墙刺、金露花、甘露花
科属名：马鞭草科假连翘属
学名：*Duranta repens*

假连翘花序

形态特征

常绿灌木或小乔木，高 1~3m。枝下垂或平展，茎四方形，绿色至灰褐色。叶对生，卵状椭圆形或倒卵形，长 2~6cm，中部以上有粗齿，纸质，绿色。总状花序排列成松散圆锥状，顶生；花小且通常着生在中轴的一侧，高脚碟状；花冠蓝紫色或白色；花期 5~10月。核果肉质，卵形，金黄色，成串包在萼片内，有光泽。品种有金露花（黄连翘）（*Duranta repens* cv. Golden Leaves），叶片金黄色，是园林中主要的造景树种之一；花叶假连翘（cv. Variegata），叶具白斑。

适应地区

我国广东、海南、台湾、香港、澳门均适宜栽植，北方可盆栽。

生物特性

喜暖热气候以及阳光充足的生长环境，稍耐阴。稍耐旱，不耐寒，生长适温为 18~28℃，天气暖和可终年开花，冬季温度降到 5℃以下时，嫩叶会出现受冻变黑的症状。喜湿润、肥沃、疏松、排水良好的土壤。萌发力强，耐修剪，生长快。

繁殖栽培

主要用扦插繁殖。在生长季节，将假连翘的枝条剪成约 10cm 长的一段，直接插入育苗袋中，每袋插 3 枝，淋透水后，天热时节盖上遮阴网，20 天左右即可出根，3 个月成苗。种植绿篱常用 3 斤袋或 5 斤袋苗，种植密度为每平方米 16~25 株，种植时一定要把育苗袋撕去，以免影响生长。假连翘是一种粗放管理的植物，平时做好肥水管理，生长季节应

假连翘果序

多修剪，以形成整齐的景观效果。常见的病虫害主要有蚜虫、毛虫，还要防止日灼伤等。

景观特征

枝细柔伸展，颜色特别；花蓝紫清雅，且终年开花不断；入秋果实金黄，着生于下垂花序，长如串串金珠，逗人喜爱。而金露花则叶色金黄，鲜艳夺目，营造花坛、绿篱景观效果特别好，是重要的彩色植物。

园林应用

适宜盆栽，布置厅堂、会场或作吊盆观果，也可应用于公园、庭园中丛植观赏，或做花篱。其花、果均可做切花材料，果实可药用。

金露花绿篱景观

金露花绿篱景观

金露花绿篱景观

金露花绿篱景观

花叶假连翘绿篱景观

金露花绿篱景观

六月雪

别名：满天星、喷雪
科属名：茜草科六月雪属
学名：*Serissa foetida*

六月雪花枝特写

白马骨绿篱景观

形态特征

常绿或半常绿矮生小灌木，高1m左右。茎嶙峋苍老，分枝多而稠密，幼枝上具多而密的白色皮孔。叶小，对生或簇生，长椭圆状披针形或长椭圆形，全缘，表面浓绿色，具叶间托叶。花小，腋生或顶生，白色，花冠漏斗状，初夏开花，繁花似锦。核果较大，球形或长心形。种子较大，椭圆形，充实。品种有斑叶粉六月雪（cv. Variegata Pink），叶面有白色的斑纹；金边六月雪（cv. Variegata），叶缘黄色或淡黄色；红花六月雪（cv. Rubescens），花粉红色；阴木（var. *crassiramea*），小枝上伸，叶细小而密生，花单瓣。

适应地区

原产于我国江苏、江西、广东、台湾等地，东南沿海地区适宜种植。

生物特性

为亚热带植物，喜温暖、湿润的气候及半阴的环境。宜疏松、肥沃、排水良好的土壤，中性及微酸性尤佳。抗寒力不强，冬季越冬需0℃以上。萌芽力、分蘖力强，耐修剪，易造型。

繁殖栽培

主要采用扦插繁殖。非常容易出根，一般于春季进行，剪取1~2年生枝条，长10~15cm，插穗可以带分枝，直接插入育苗袋中，30天左右即见根系发出。栽培管理较为粗放，夏季高温干燥时注意灌水。秋后，随着气温下降，应逐渐控制浇水量。冬季20~30天浇水一次。病虫害少，偶有蚜虫为害，可用氧化乐果1500倍液喷雾杀灭。做绿篱时可修剪整形，也可任其发展，适当控制徒长枝即可。

景观特征

每年6月开花，雅致可爱的白花从叶片中冒出，恰似绿毯缀上点点白雪，故名"六月雪"。枝叶密集，叶色翠绿，作绿篱应用时质地细致，观赏效果好。

园林应用

适宜做绿篱、花篱，可将其修剪成"之"、"S"等形状，远观或空中俯瞰，效果非常不错。还可应用于花坛，或做盆栽，在广东还是盆景的重要树种之一。

✱ 园林造景功能相近的植物 ✱

中文名	学名	形态特征	园林应用	适应地区
白马骨	*Serissa serissoides*	常绿灌木。分枝多。叶对生。花白色	同六月雪	同六月雪

灰莉

别名：非洲茉莉
科属名：马钱科灰莉属
学名：*Fagraea ceilanica*

灰莉花特写

形态特征

常绿灌木。分枝多。单叶对生，厚革质肉质状，倒卵形至矩圆形，先端渐尖，基部楔形。叶全缘，叶灰绿色，叶面光洁。花单生或为二歧聚伞花序，花顶生，喇叭形，花冠筒白色，芳香，花期 5~6 月。浆果卵形，淡绿色。

适应地区

原产于我国台湾、广东、广西等地，海南、香港、澳门均适宜使用。我国北方宜盆栽，冬季温室过冬。

灰莉花和花枝特写

生物特性

喜高温、多湿、通风良好的环境，不耐寒。冬季气温最好保持在 10℃以上，但对干热气候表现出很强的适应性，生长适温为 20~32℃。喜阳光照射，也耐阴，要避免夏季强光直射，否则叶片易泛黄或发生日灼。在疏松、肥沃、排水良好的土壤生长良好，也极耐干旱。

繁殖栽培

主要用扦插法繁殖。春季挖取植株根系上萌发的小植株，将小苗带一小段根系剪下，直接插于育苗袋中，约 3 个月便可成为绿化用小苗。或在 6~7 月温度较高季节，剪取有顶芽、生长健壮的 1~2 年生枝条，长 10~20cm，用生根粉处理后扦插，1~2 个月可生根。植株萌芽力强，耐修剪，适宜做绿篱等多种用途。

灰莉绿篱景观

景观特征

灰莉四季常绿，树冠圆球形，枝叶茂密；叶光亮浅绿，肉质较厚，憨实可爱；花洁白芳香，非常适宜造型，可条植或丛植做绿篱，整齐、美观、大方。

园林应用

在园林中常用于休闲绿地、行人道两侧绿化草坪、建筑物出入口两侧等单株种植或丛植，也可做绿篱。单株种植时常修剪成球形，近年也大量用于盆栽。

日本珊瑚树

别名：法国冬青
科属名：忍冬科荚蒾属
学名：*Viburnum awabuki*

形态特征

常绿灌木或小乔木，高 2~10m。全体无毛，树皮灰色。枝有小瘤状凸起的皮孔。叶对生，长椭圆形，长 7~15cm，端急尖或者钝尖，基部阔楔形，全缘或者近顶部有不规则的浅波状锯齿，革质，表面深绿而有光泽，背面浅绿色，幼枝上的叶柄红色。圆锥状聚伞花序顶生；萼筒钟状，5 小裂；花冠辐状，白色，芳香，5 裂。核果倒卵形，先红后黑。花期 5~6 月，果 9~10 月成熟。品种有绣球珊瑚树（*Viburnum awabuki* var. *serratum*），叶片似绣球花，叶片上的锯齿很明显。

适应地区

我国华南、华东及西南等省区有分布，长江流域及其以南地区均可应用。

生物特性

喜光，稍能耐阴。喜温暖，不耐寒。喜湿润、肥沃的土壤，喜中性土，在酸性和微碱性土中也能适应。对有毒气体氯气、二氧化硫的抗性较强，对汞和氟有一定的吸收能力，耐烟尘、抗火力强。根系发达，萌蘖力强，易整形，耐修剪，耐移植，生长较快，病虫害少。

繁殖栽培

主要用扦插繁殖。于春季进行，将枝条剪成 15~20cm 的长度，然后直接将剪好的插穗插入育苗袋中，约 1 个月出根。也可以用当年生的嫩枝插植。日本珊瑚树对养护的要求一般，除每年春、秋季需各施 1~2 次追肥外，不需特殊养护。为了利于观赏，最好每年对它进行 1~2 次修剪，可创造树墙、绿篱等多种造型。

日本珊瑚树枝叶特写

日本珊瑚树绿篱景观

景观特征

枝繁叶茂，终年碧绿光亮，春天开白花，深秋果实鲜红，累累垂于枝头，壮如珊瑚。江南城市及园林中普遍栽做绿篱或者绿墙，枝叶繁密，富含水分。

园林应用

通常种于墙边、篱笆边，作为绿篱用，也可成排种在甬道两旁，作为隔离噪声的绿屏，还可修剪成球形供欣赏，是常用绿化树种之一。

日本珊瑚树果枝特写

日本珊瑚树绿篱景观

日本珊瑚树绿篱景观

日本珊瑚树绿篱景观

日本珊瑚树绿篱景观

中文名	学名	形态特征	园林应用	适应地区
珊瑚树	*Viburnum odoratissimum*	常绿小乔木。对生叶，叶长椭圆形，全缘，或上半部有波状锯齿。5月开花，圆锥花序，小花钟状白色。核果，熟时深红色	适宜做景观树种，单株种植、丛植或列植等	我国华南地区、台湾、香港、澳门等地均可种植

短穗鱼尾葵

别名：酒椰子、丛生孔雀椰子
科属名：棕榈科鱼尾葵属
学名：*Caryota mitis*

短穗鱼尾
葵叶特写

形态特征

常绿乔木，高达 8m。有匍匐根茎，树干聚生成丛，茎干竹节状，在环状叶痕上常有休眠芽。叶长 1~3m，为大型 2 回羽状复叶，全裂，裂片斜刀形或半扇形，上端边缘呈不规则齿缺，状似鱼尾；叶鞘较短，下部厚被绵毛状鳞秕。肉穗花序自茎上抽出，向下弯垂，长达 60cm 左右。浆果球形，秋季成熟，熟时蓝黑色。

适应地区

我国广东、广西、福建、海南、云南、台湾、香港、澳门等地适宜地栽。

生物特性

喜光，也耐阴，喜温暖、湿润的气候。较耐旱，不耐寒，生长适温为 18~30℃，越冬温度不低于 3℃。对土壤要求不严，在疏松、肥沃、富含腐殖质的土壤中生长最好。耐管理粗放。

繁殖栽培

主要用播种育苗。种实成熟后采下，堆沤，搓去果皮后，将取得的种子密播于沙床或苗床中，苗高 10~20cm 时移植，按 20cm×25cm 的株行距种植培育。也可以从大丛植株上将新发的鱼尾葵苗分出来种植。短穗鱼尾葵宜用作遮丑屏障，或作背景之高篱使用，种植时可用带土球 50cm 左右的大苗，株距 2~3m。为了使短穗鱼尾葵叶色翠绿，生机勃勃，管理上应加强肥水管理。

景观特征

短穗鱼尾葵叶色略显苍老陈旧，但其叶片独特，状似鱼尾，给人以新奇的印象，而且枝

短穗鱼尾葵绿篱景观

短穗鱼尾葵绿篱景观

叶较密，空间隔离效果好，是棕榈类植物中常用的种类。

园林应用

丛植或列植于较大型的垃圾收集点周围做高篱，景观较粗放、遮拦效果好，也可用于运动场靠近建筑物周围及庭园水池近堤岸等处。

棕竹

别名：观音竹、筋头竹、大叶榕竹
科属名：棕榈科棕竹属
学名：*Rhapis excelsa*

形态特征

常绿丛生灌木，高 4m。茎干如竹节，外裹一层棕色网状纤维叶鞘。叶顶生，深绿色，革质，掌状深裂，裂片 5~10 片，裂片条状披针形或宽披针形，先端有不规则的锯齿；叶柄细长。雌雄异株，春夏间开肉穗状花序，簇生于叶丛间，雄花小，黄色，雌花大，卵状球形。核果，10~12 月成熟，熟时红色。栽培变种有花叶棕竹（cv. Variegata），有黄色条纹。

棕竹绿篱景观

适应地区

原产于我国广东、广西、贵州、云南、台湾等地，为热带植物，适宜在我国东南沿海各省区和台湾、香港、澳门应用。

生物特性

分蘖力较强，喜温暖、阴湿、通风良好的环境。盛夏酷暑时节不耐西晒，冬季不甚耐寒，生长适温为 20~30℃，越冬温度不得低于 4℃。要求排水良好、肥沃、深厚、腐殖质丰富的砂质壤土。

繁殖栽培

主要用播种和分株法繁殖。当年 10~12 月采种后搓揉淘洗干净种皮，将种子密播于沙盆内催芽，待种子发芽后可取出播于苗床，幼苗生长缓慢。分株于每年 3~4 月进行，按每 2 株为单位将植株分散，将地下茎剪断，分开种植。棕竹是较耐阴的植物，种植时应选择避免西晒的生长环境，可作为林阴小道两侧绿化美化。种植用 5 斤袋或 7 斤袋苗，密度为每平方米 9~16 株，种后修剪枯黄叶片，加强管理。日常管理中要经常修剪枯叶，保持通风透光，以减少介壳虫等的危害。

景观特征

植株生长旺盛，株丛挺拔，秀丽的叶片身披浓绿的色彩，微风轻轻吹过，枝叶随之晃动，发出"沙沙"的响声，摇曳多姿，更显得身形婆娑、楚楚动人，极富诗意。

＊园林造景功能相近的植物＊

中文名	学名	形态特征	园林应用	适应地区
细叶棕竹	*Rhapis humilis*	外形与棕竹相似，但叶裂片较细	清秀雅致，适合盆栽观赏	我国广东、广西、贵州、云南、台湾、香港、澳门等地应用
金山棕竹（多裂棕竹）	*R. multifida*	植株很像细叶棕竹，但在叶裂片中间，有 2 片并在一起，使裂片显得较阔	清秀雅致，适合盆栽观赏	我国广东、广西、贵州、云南、台湾、香港、澳门等地应用

棕竹果序特写

棕竹绿篱景观

棕竹绿篱景观

园林应用

可配置于窗前、路旁、花坛一侧、廊隅等处，地栽丛植、列植作绿篱观赏，于水池浅滩处丛植或列植效果更佳。也可盆栽装饰室内或制作盆景，是园林中应用非常广泛的植物。

棕竹绿篱景观

凤尾竹

别名：观音竹
科属名：禾本科孝顺竹属
学名：*Bambusa multiplex* var. *nana*

形态特征

灌木型丛生竹，一般高 1~2m。植株矮小，地下茎合轴，秆茎不超过 1cm，节间圆筒形，每节有多数分枝。箨叶直立，基部与箨鞘的顶端等宽，箨耳明显。枝叶稠密、纤细而下弯，叶细小，长约 3cm，宽 2~8mm，常 20 片排列在枝之二侧，呈羽状。

适应地区

分布于长江流域及以南各省区，栽培广泛。

生物特性

浅根系植物，生长迅速，适应性强。喜光，喜温暖、湿润的环境。宜土层深厚、疏松、肥沃、排水良好、湿润的土壤，但在贫瘠土壤上也能生长，不耐寒。

繁殖栽培

主要用分株或埋秆法繁殖，一般在 3 月进行。分株是将大丛的植株在春季分成小丛分别栽植。埋秆法则是将大丛的植株以每一株母竹为单位，在地下竹鞭处切断，将母竹分别种植即可。园林绿化一般用袋装苗，种植规格为 50cm×50cm 左右。凤尾竹的栽培管理较为简单，生长季节应适当施肥，每年春、秋两季应进行培土，春季还要将老化的竹枝剪去，以调节株丛的密度。

凤尾竹景观

景观特征

植株秀丽挺拔，刚柔兼济，青翠光润，修长淡雅，中空但具节，朴实无华，不仅形态优美，而且生态价值高。能有效净化空气、吸附粉尘和有毒气体，还可以除噪降温。郑板桥曾以"竹君子、石大人、千岁友、四时春"来描绘凤尾竹，其不仅可以美化环境，更能陶冶情操。

园林应用

在庭园门前、窗前、池边、路旁、园洞门前种植青翠碧绿的凤尾竹做绿篱，可起到遮掩、分隔空间的作用，创造出翠竹掩映、清幽雅致的环境，使周围景观达到和谐统一、情景交融的艺术效果。它也是盆栽的好材料。

＊园林造景功能相近的植物＊

中文名	学名	形态特征	园林应用	适应地区
大叶凤尾竹	*Bambusa multiplex* cv. Fernleaf	叶长 3~6cm，宽 4~7cm，每小枝具 9~13 片叶，羽状 2 列	同凤尾竹	同凤尾竹
条纹凤尾竹	*B. multiplex* cv. Stripestem Fernleaf	秆之节间浅黄色，有不规则的深绿色纵条纹。叶绿色	节间黄绿相间，其他同凤尾竹	同凤尾竹

凤尾竹枝叶特写

凤尾竹绿篱景观

凤尾竹景观

凤尾竹绿篱景观

早园竹

别名：信阳耗竹、沙竹
科属名：禾本科刚竹属
学名：*Phyllostachys propinque*

早园竹枝叶特写 ▷

形态特征

秆高 8~10m，胸径小于 5cm。新秆绿色具白粉，老秆淡绿色，节下有白粉圈。箨环与秆环均略隆起；箨鞘淡紫褐色或深黄褐色，具白粉，有紫褐色斑点及不明显条纹，上部边缘枯焦状；无箨耳；箨舌淡褐色，弧形；箨叶带状披针形，紫褐色，平直反曲。小枝具叶 3~4 片，带状披针形，背面基部有毛。

适应地区

广西、浙江、江苏、安徽、河南等地有分布，北京及以南地区均可种植。

生物特性

生性强健，喜湿润的环境，也较耐干旱。耐寒力较强，能耐 -20℃的短暂低温。对土壤要求不严，较耐盐碱。管理粗放，对水、肥要求不严。

繁殖栽培

多采用分株和埋鞭法。以梅雨季节为最佳时期，挖母竹时保持地下竹鞭约 30cm 长度，注意保护鞭芽，少伤鞭根，挖起后削去竹梢，伤口最好用塑料薄膜包扎，栽植后踩紧土，浇透水，易成活。早园竹非常耐修剪，易整形。除春、冬两季需各浇一次开冻水和封冻水外，其他季节如不过于干旱，则不需浇水。施肥也无特殊要求，一般在定植时施一些农家肥做基肥，以后每年夏季再少施一些圈肥即可生长良好。病虫害少。

景观特征

早园竹在冬季不落叶或少量落叶，颜色鲜绿，可与大叶黄杨相媲美，比小叶黄杨、侧柏等

早园竹绿篱景观

早园竹绿篱景观

颜色鲜亮，春季 3 月中下旬开始换叶，老叶脱落后，嫩叶能及时长出，一般 4 月下旬左右即可绿染枝头。

园林应用

四季常青，挺拔俊秀，可丛植或列植做绿篱。由于枝叶较密，叶色苍翠，做绿篱时树姿婆娑，观赏效果颇佳。也可片植于水池边、假石山旁、门廊两侧以及窗前等，作观赏用。

红果树

别名：红子
科属名：蔷薇科红果树属
学名：*Stranvaesia davidiana*

红果树枝叶特写▷

形态特征

灌木，高 1~2m。小枝初密生白色茸毛，后脱落无毛，有皮孔。叶片革质，披针形或带状披针形，长 4~6cm，宽 8~15mm，先端渐尖，边缘有稀疏锯齿或几全缘，幼时下面密生白色茸毛，后脱落近无毛；叶柄长 2~5mm，初密生白色茸毛，后脱落近无毛。伞房花序顶生，密生 10~20 朵花；总花梗、花梗、萼筒及萼片均密生白色茸毛，果时脱落；花瓣白色，倒卵形。果实卵球形，梨果。花期 5 月，果期 10 月。

适应地区

原产于贵州、云南。生于海拔 2000~3000m 的阳坡灌木丛中。

生物特性

喜光，稍耐阴。喜温暖，较耐寒，能耐短期 -10℃低温。喜排水良好的肥沃壤土，也耐干旱、瘠薄，在微酸性土和钙质土上均能生长，还能生长在石缝中。不耐水湿，生长较慢，较耐修剪。对有毒气体的抗性较强。

繁殖栽培

播种为主。11 月份种子采收后，用清水浸泡，发酵后搓去种皮，漂洗取得种子进行沙藏，翌年春播。也可用扦插、压条繁殖。苗木成形慢，需移栽培植，移栽培植时间越长树形越成熟。移植多在春季 2 月下旬至 3 月中旬进行，秋末冬初也可，小苗需多留宿土，大苗需带土球并剪去部分枝叶。移植第一年夏季要注意多浇水、松土、除草，适时施肥，促进苗生长。

红果树绿篱景观

景观特征

其嫩枝幼叶呈紫红色，春季萌芽时赏叶，初夏可赏白色小花，秋后圆形红色果实累累，可以赏果。耐修剪，作为绿篱栽植效果最佳。

园林应用

可大量用于绿篱栽植，在庭园人行道两侧、街道中央绿化带、小花园四周等均可成列栽植、修剪成绿篱。丛栽能使其形成低矮的灌木丛，可与金叶女贞、红叶小檗、扶芳藤、俏黄芦等组成美丽的图案，能获得优良的绿化景观效果。

散尾葵

别名：黄椰子
科属名：棕榈科散尾葵属
学名：*Chrysalidocarpus lutescens*

散尾葵株形
特写

形态特征

常绿灌木或小乔木，高 5m。茎干光滑似竹，黄绿色，嫩时上部被白色蜡粉。叶片长达1.5m，羽状全裂，羽状小叶条状披针形，先端渐尖，背面光滑；叶柄、叶轴、叶鞘黄绿色。肉穗花序圆锥状。果近圆形，橙黄色。种子 1~3 颗，卵形，背具纵向深槽。

适应地区

我国广州、深圳、海南、香港、澳门等地适宜种植，内地城市仅宜盆栽。

生物特性

热带植物，喜温暖、湿润的环境，喜半阴，不可在强烈阳光下直晒，否则会使叶片干边、焦尖，失去观赏价值。宜疏松、肥沃、腐殖质丰富、排水良好的土壤。

繁殖栽培

主要用播种及分株繁殖。将种子密播于播种筛中，基质用细泥炭土或细椰糠，在薄膜阴棚下催芽，苗高 15~20cm 时可移植。散尾葵在幼苗期生长缓慢，苗高 50~80cm 时可用

散尾葵绿篱景观

于绿化。日常养护管理中应经常修剪枯叶，以保持良好的通透环境，减少病虫害的发生。

景观特征

叶丛生，平滑细长，线形叶或披针形叶子清幽雅致，酷似热带椰子的树叶，同时茎和叶柄又有竹子般刚劲的风韵，雄伟别致，观赏价值较高。

园林应用

列植形成自然式绿篱，一般栽在较阴的小道两侧或靠山坡一侧，起遮挡作用。在热带地区的庭院中，多作观赏树栽种于草地、树阴、宅旁。北方地区主要用于盆栽，是布置客厅、餐厅、会议室、书房、卧室或阳台的高档观叶植物。其生长很慢，一般多作中盆、小盆栽植。

散尾葵绿篱景观

竹类

科属名：禾本科、竹亚科
学名：Bambusodieae

小金竹枝叶特写

形态特征

灌木、乔木或藤本状。秆木质化，地下茎细长或粗短，秆节间通常中空，圆柱形，稀为四方形或扁圆形；秆节隆起，具有明显的秆环和箨环及节内；秆生叶特化为秆箨，并明显分为箨鞘和箨叶两部分。箨鞘抱秆，通常厚革质，外侧常具刺毛，内侧常光滑；鞘口常具遂毛，与箨叶连接处常见有箨舌和箨耳；箨叶通常缩小而无明显的主脉，直立或反折；枝生叶具明显的中脉和小横脉，具柄，与叶鞘连接处常具关节而易脱落。竹亚科约66属1200余种，我国约30属400种。可用于绿篱的有观音竹、倭竹、七玄竹、唐竹等。

适应地区

我国主要分布于西南、华南及台湾等地，全国各地广泛栽培。

生物特性

竹子种类繁多，原产地不同，生活习性不尽相同。大部分均喜光照，阴暗则生长不良。喜温暖至高温，但也较耐寒，生育适温为18~30℃，其中稚子竹、龟甲竹、四方竹等较喜冷凉，生育适温为14~25℃。较耐旱，忌积水，耐瘠薄，在大部分土壤均能生长。

繁殖栽培

可用分株、扦插法繁殖。以分株为主，全年均能育苗，春季为佳。掘取横走的地下茎，剪切每段约30cm，斜插入土壤中，保持湿润，经20~30天能发根成苗。或挖取母竹移栽，几年后周围即可长满子竹。栽培以富含有机质的砂质壤土为佳，排水需良好，日照要充足。尽量做到每季施肥一次。每年冬季

竹类绿篱景观

至早春，应培土一次，能促进萌发新株。茎秆过分伸长或枝叶杂乱，应适时加以修剪，以维护株形美观。

景观特征

四季常青，潇洒多姿，竹秆挺拔，独具内韵，与梅、兰、菊同时被美称为"四君子"。其"高风亮节"常为赋诗入画的题材，在园林绿化上有着广泛的应用。竹子种类繁多，形态各有不同，用于绿篱时，观赏效果也不一样，佛肚竹、龟甲竹等节间或节环形状奇特；菲白竹、菲黄竹等彩叶飘飘；观音竹、绿竹等外观秀丽清雅。

园林应用

将竹子密植成行，能形成高株绿篱、普通绿篱、防护绿篱等不同形式的竹篱，均能能起到美化生活、绿化环境、净化空气的作用。

竹类绿篱景观

竹类绿篱景观

竹类绿篱景观

慈竹绿篱景观

黄金间碧玉竹绿篱景观

其他绿篱植物简介

中文名	别名	学名	科名	形态特征	生物特征	园林应用	适应地区
香冠柏	金冠柏	*Cupressus macroglossus* cv. Goldcrest	柏科	小乔木，高1~4m。主干通直，树皮红褐色，枝叶密集。叶鳞片状或短针状，黄绿色略带金黄色泽，具2条白色气孔带，枝叶揉碎后有特殊气味	喜冷凉，较耐高温，生长适温为13~26℃。光线充足则生育状况良好，过度阴暗易死亡	可用于公园、庭园、办公区列植观赏	原产于中国大陆和印度、日本
铺地柏（铺地龙柏）	爬地柏、匍地柏	*Sabina procumbens*	柏科	小灌木，高75cm。冠幅逾2m，贴近地面伏生。叶全为刺状，3叶交叉轮生，叶上面有2条白色气孔线，下面基部有2个白色斑点。球果球形	阳性树。耐寒性强，耐瘠薄，在砂地及石灰质壤土上生长良好	可配置于岩石园中或草坪边、路旁、池畔，也可盆栽观赏	长江流域至黄河流域各城市及辽宁各地的园林中常见栽培
麒麟籁	火烘、金刚纂	*Euphorbia neriifolia*	大戟科	常绿小乔木或灌木。全株含多量白色乳汁。茎横断面为四角形或五角形，棱角之部有锐刺1对。叶具短柄，互生，丛集枝端，全缘，肉质，两面平滑。聚伞花序，着生于棱角之凹处	阳性植物，极强健，喜温暖气候，喜排水佳，很耐干旱	做绿篱，配置于公园、景区，或与岩石、假山、沙石等搭配	原产于印度、斯里兰卡
三角霸王鞭	三角大戟、龙骨、彩云阁	*Euphorbia trigona*	大戟科	肉质性灌木或小乔木。分枝肉质，全部垂直向上生长，具3~4棱，棱缘波形，突出处有坚硬的短齿，先端具红褐色对生刺。叶绿色，长卵圆形或倒披针形。花为杯状聚伞花序	喜阳光充足和干燥的环境，耐干旱，稍耐半阴，忌阴湿。耐高温，不耐温度低于10℃的环境	南方常布置小庭园或盆栽观赏。可地栽，供布置沙漠植物景观之用，也可做背景材料	原产于印度东部
红雀珊瑚	大银龙、洋珊瑚、拖鞋花	*Pedilanthus tithymaloides*	大戟科	多年生肉质草本。有白色乳汁，茎常"之"字形折曲，肉质，绿色。单叶互生，叶片卵形至卵状披针形。花小，杯状聚伞花序集成顶生稠密聚伞花序，总苞鲜红色或紫色，不整齐，基部有锯，上部有腺体。蒴果	喜温暖，受冻后叶片变白色而脱落。耐阴，在半阴的环境有利开花。怕风吹，适宜在干燥、无风的环境下生长	可在庭园、公园中做围篱，也可以和其他景观植物搭配种植	原产于美洲热带地区

中文名	别名	学名	科名	形态特征	生物特征	园林应用	适应地区
余甘子	油甘子	*Phyllanthus emblica*	大戟科	落叶灌木或小乔木。老枝灰褐色，分枝多。叶线状矩圆形，托叶线状披针形，棕红色。圆锥花序，小花黄色或红色；花小，单性同株，雄花极多，具柄，雌花近无柄，子房半藏于环状花盘内。蒴果圆或扁圆形	深根性，喜阳光充足，较耐旱，较耐寒。常生于丘陵山坡较肥沃的酸性土壤中	宜栽培于庭园向阳处或坡地作为绿篱观赏，或用于小区的绿化	中国南部是原产地之一，分布于我国热带和亚热带地区
紫穗槐	椒条、穗花槐、紫荆槐	*Amorpha fruticosa*	蝶形花科	灌木，高1~4m。有凸起的锈褐色皮孔，被疏柔毛。奇数羽状复叶，互生，托叶线形，小叶背面有黑褐色腺点。总状花序密花，花冠蓝紫色或暗紫色、旗瓣倒心形，无翼瓣及龙骨瓣。荚果长圆形，表面有多数凸起的瘤状腺点。花期5~6月，果期7~9月	生长快，萌蘖能力强。耐旱，耐涝，耐瘠薄，耐轻度盐碱	可栽植于公园、公路、办公区、厂矿、铁路两旁做绿篱。有防沙、护路、防风等功效，并可改良土壤	我国华北、东北、南至长江流域广泛栽培，以黄河及淮河流域中下游栽培最多
树锦鸡儿	蒙古锦鸡儿、黄槐、锦鸡儿	*Caragana arborescens*	蝶形花科	大灌木或小乔木，高达7m，常呈灌木状。枝具托叶刺，偶数羽状复叶，小叶4~8对，长圆状倒卵形、窄倒卵形或椭圆形。花2~5朵簇生，花梗上部具关节，萼钟形，齿短；蝶形花冠黄色。荚果扁条形，无毛。花期5~6月，果期7~8月	适应性较强，根系发达。喜光照充足，较耐干旱，耐寒冷，耐瘠薄，抗风沙	是城乡绿化中常用的花灌木，可做绿篱材料用于庭园、街道、广场、开阔草坪等处，还可与其他乔木搭配	原产于我国东北地区及山东、河北、陕西、山西、甘肃、新疆等地
紫荆	满条红、苏芳花	*Cercis chinensis*	蝶形花科	落叶灌木或小乔木，高15m。丛生，树皮幼时暗灰色、光滑；老时粗糙，呈片裂。单叶互生，全缘，近圆形，先端急尖，基部心脏形，表面光滑有光泽。4月先叶开花，紫红色，4~10朵簇生于枝条或老干上。荚果扁平。果期8~9月	喜光照强，稍耐阴。喜温暖，较耐寒。喜肥沃、排水良好的土壤，不耐湿。萌芽力强，耐修剪	适宜在公园、庭园、草坪等处配置，常与松柏配置为前景，或植于浅色的物体前面，如白粉墙之前或岩石旁	我国湖北西部、辽宁南部和河北、陕西、河南、甘肃、广东、云南、四川等地有栽种
波叶冬青	假黄杨	*Ilex crenata*	冬青科	常绿灌木或小乔木，高2~10m。多分枝。叶小而密生，椭圆形至倒长卵形，缘有浅钝齿，厚革质，表面深绿有光泽，背面浅绿有腺点。花小，白色；雌花单生。果球形，熟时黑色	较耐阴，有一定的耐旱性。对土壤适应力强	可在庭园、公园、景区中做绿篱材料，美观大方	产于日本、朝鲜及我国福建、广东、山东等地

中文名	别名	学名	科名	形态特征	生物特征	园林应用	适应地区
冬青	四季青	*Ilex purpurea*	冬青科	常绿乔木，高达13m。树冠圆形。叶薄革质，有光泽，狭长椭圆形或披针形；叶柄有时为暗紫色。聚伞花序，雄花序有花10~30朵，雌花序有花3~7朵；花瓣紫红色或淡紫色，向外反卷。果实椭圆形，熟时红色光亮。花期5~6月，果期9~11月	喜光，耐阴，不耐寒。喜肥沃的酸性土。较耐湿，但不耐积水，深根性。抗风能力强，萌芽力强，耐修剪。对有害气体有一定的抗性	常于园林、庭园中做各种造景用的绿篱材料	产于我国长江流域及以南地区，常生于山坡杂林中
钝头冬青		*Ilex triflora var. kanehirai*	冬青科	常绿灌木或小乔木，高2.5m。幼枝有棱。叶互生，椭圆形或倒卵形，先端钝，边缘具疏钝锯齿，硬革质。伞房花序，腋生。核果球形	喜光照充足、湿润的环境，耐旱，宜温暖的环境，较耐寒，抗风	做绿篱进行空间分隔，还可以与其他人造物相搭配	原产于我国华东至华南地区
日本粗榧		*Torreya nucifera*	红豆杉科	常绿乔木或灌木。髓心中部有树脂管。小枝对生，基部有宿存的芽鳞。叶线形或披针状线形。雄球花6~9朵聚成头状，单生于叶腋，雌球花有长梗，生于小枝基部苞片腋部	阴性植物，不耐旱。喜酸性、肥沃的土壤，也耐微碱性土壤，生长慢	绿化和观赏树种，常用于庭园、游园、景区的绿化	我国华东一些城市有栽培
日本吊钟花	台湾吊钟花	*Enkianthus perulatus*	杜鹃花科	落叶灌木。叶倒卵状，长椭圆形至长椭圆状披针形，先端渐尖，短芒头，基部楔形。花数朵排成顶生伞形花序，花冠白色，壶状，先端5裂，裂片反卷；雄蕊10枚。蒴果5裂	喜冷凉，宜稍阴蔽及通风良好。喜排水性良好的潮湿土壤	可于庭园、公园、公路绿化带或林缘等处作为绿篱、花篱栽植	我国可在北至新疆中部、内蒙古和辽宁南部，南至江苏、安徽、湖北北部的区域内生长
胡颓子	麦婆拉、羊奶子、蒲颓子	*Elaeagnus pungens*	胡颓子科	常绿灌木，高达4m。具少量刺，幼枝密被锈色鳞片。叶椭圆形或宽椭圆形，边缘微反卷或波状，叶背密被银白色和少数褐色鳞片，革质。花白色或乳白色，下垂有芳香。果椭圆形，幼时被鳞片，熟时红色。花期10~11月，果熟期翌年5月	亚热带树种，喜光，也耐半阴。喜温暖、湿润气候。稍耐寒，耐旱，也稍耐水湿。喜湿润、肥沃、排水良好的土壤，也能适应微酸性、微碱性土壤	是良好的观赏树种，也是较好的绿篱树种。抗污染性强，也是工厂绿化的好材料	我国主要分布在长江流域及其以南地区，长江以北的常绿落叶、阔叶林中也有生长

中文名	别名	学名	科名	形态特征	生物特征	园林应用	适应地区
溲疏	空疏	*Deutzia scabra*	虎耳草科	落叶灌木，高2.5m。树皮片状剥落。小枝中空，红褐色，幼时有星状柔毛。叶对生，长卵形或卵状披针形，叶缘有不明显的小刺尖状锯齿，两面有星状毛，粗糙。5~6月开白色或略带粉红色的花，直立圆锥形花序。蒴果近球形。果10~11月成熟	性强健，喜光、稍耐阴。喜温暖和湿润的环境，耐寒，耐旱。对土壤的要求不严，喜富含腐殖质、pH值为6~8的土壤。萌芽力强，耐修剪	可做绿篱、花篱及岩石园种植材料。宜植于草坪、路边及林缘	原产于我国长江流域，浙江、江西、安徽南部、江苏、湖南、四川、贵州等地也有分布
大紫蝉	紫花黄蝉、紫蝉	*Allamanda blanchetii*	夹竹桃科	常绿蔓性灌木。全株有白色乳汁。叶倒披针形，先端尖，全缘。花腋生，漏斗形，花冠5裂，暗桃红色或淡紫红色，花径可达10cm。花期春至秋季	喜阳光充足，稍耐阴，喜湿润、温暖的环境，稍耐旱，可耐较高的温度	可用于庭园、公园、风景区中的水景、林缘、路径等处	我国浙江、福建、台湾、广东、广西、四川、云南等热带地区有分布
紫蝉花	紫花黄蝉	*Allamanda violacea*	夹竹桃科	常绿蔓性小灌木。全株有白色乳汁。叶4片轮生，长椭圆或倒卵状披针形。花腋生，漏斗形，花冠5裂，暗桃红色或淡紫红色。花期春末至秋季	喜阳光充足，耐阴。喜湿润的气候，不耐涝，稍耐旱。喜温暖至高温，生育适温为23~30℃	园林中常做绿篱，布置于林缘、绿化带、小路旁等处	原产于巴西
锦熟黄杨	黄杨木	*Buxus sempervirens*	黄杨科	常绿灌木或小乔木，高可达6m。小枝密集，四棱形，具柔毛。叶椭圆形至卵状长椭圆形，全缘，表面深绿色，有光泽，背面绿白色，叶柄有毛。花簇生于叶腋，淡绿色，花药黄色。蒴果三角鼎状，黄褐色。花期4月，果熟期7月	生长较缓慢，喜温暖，耐寒性强较强，喜湿润的环境，稍耐旱	宜于庭园做绿篱，可在花坛边缘种植，也可以在山石前、草坪边、路边列植	我国各地均有分布
黄蝉	硬枝黄蝉	*Allamanda schottii (neriifolia)*	夹竹桃科	直立或半直立灌木，高约1m。叶具短柄，3~5片轮生，椭圆形或矩圆形，先端渐尖，背中脉被柔毛。聚伞花序顶生，花冠黄色，内面有红褐色条纹，基部膨大。蒴果球形，有长刺。花期5~8月，果期10~12月	喜光照，耐阴，喜高温、多湿气候，不耐寒冷，不耐涝，稍耐干旱。不择土壤	适宜于居家院落、办公场所、游园中做绿篱和花篱	我国华南各省区及台湾常见栽培

中文名	别名	学名	科名	形态特征	生物特征	园林应用	适应地区
刺黄果	红彩果	*Carissa congesta*	夹竹桃科	常绿灌木，高50~150cm。具白色乳汁。叶对生，厚革质。聚伞花序顶生，稀腋生，通常3朵，花冠高脚碟状，白色或稍带玫瑰色，花萼5深裂，反折，内面基部具腺体，子房2室。浆果球形或椭圆形，桃红至红色	喜光照足，较耐阴。喜高温，生育适温为22~30℃。喜湿润，不耐涝，耐旱	可做绿篱和果篱，观赏性较高，植于公园、生活小区等场合	原产于印度、斯里兰卡、缅甸
狗牙花	马茶花、马蹄花	*Tabernae-montana (Ervatamia) divaricata*	夹竹桃科	落叶灌木。小枝分枝，全株光滑。叶对生或者轮生，长椭圆形。聚伞花序，花4~6朵，花冠白色，不齐分裂，波状形，冠筒狭长，淡绿色，萼5深裂，雄蕊有5枚。蓇葖果，具毛。花期5~11月	喜阳光充足和高温的环境，耐光阴。需温暖越冬，生长适温为22~30℃。喜湿润，冬季喜干燥	常用于园林中的绿篱造景中，配置于路旁、水边、林缘	广泛引种至热带与温带各地区
小叶金虎尾	西印度樱桃	*Malpighia glabra*	金虎尾科	多年生常绿灌木，高2~4m。叶对生，革质光滑，全缘，呈长椭圆形或卵形，幼小枝叶有白毛，老枝光滑。聚伞花序，花瓣5枚，淡红色。果实为浆果状核果	喜阳光，可耐半阴。喜高温的气候，不耐寒冷。喜湿润，忌涝，稍耐干旱	在纬度较低的地区常有应用。主要用做绿篱和果篱，常用在公园、景区和游园等处	我国台湾、广东、广西、海南、云南等地均有栽培种植
兰屿狗牙花	兰屿马蹄花、兰屿山马茶	*Tabernae-montana subglobosa*	夹竹桃科	常绿小乔木。具白色乳汁。叶对生，革质，长椭圆形或倒卵形，先端圆形，基部锐形，中肋粗而明显。聚伞花序有花数朵，花冠黄至白色，高杯形，心皮2枚，离生。果双生，椭圆形	喜光，喜温暖、湿润，不耐涝。生长适温为20~29℃	园林上主要用于绿篱，有美化环境和阻挡视线的用处	原产于我国兰屿岛上的海岸山坡
南洋狗牙花	真山马茶	*Tabernae-montana pandacaqui*	夹竹桃科	多年生常绿灌木。具有白色乳汁。叶革质，长倒披针形。花色为白色。花期为7~9月，果期9~11月	喜光照，稍耐阴。喜温暖至高温的气候，不耐寒冷，喜湿润	做绿篱材料，主要应用于公园、庭园、公共绿地等处	原产于印度、马来西亚

中文名	别名	学名	科名	形态特征	生物特征	园林应用	适应地区
金丝桃	金丝海棠、土连翘	*Hypericum chinensis*	金丝桃科	半常绿灌木，高 1m 左右。全株光滑无毛，分枝多。小枝对生，圆筒状，红褐色。单叶对生，无柄，长椭圆形，具透明腺点，全缘，端钝尖，基楔形。花单生或3~7朵集合成聚伞形花序，顶生，金黄色。蒴果卵圆形。花期 6~7 月，果熟期 8~9 月	为温带、亚热带树种。性强健，根系发达，萌芽力强，耐修剪。喜温暖，稍耐寒，喜光，略耐阴，忌积水	我国南方夏季常见的观赏花木，在公园、庭园中常做绿篱和花篱	我国河北、河南、陕西、江苏、浙江、台湾、福建、江西、湖北、四川、广东等地均有分布
金脉单药花	花叶爵床	*Aphelandra squarrosa*	爵床科	常绿灌木，高 1~2m。茎鲜红色。叶对生，卵形至圆形，叶色以黄绿为底，叶脉带橙色。穗状花序，顶生或腋生。夏、秋季开花	喜高温、多湿和半阴的环境，不耐寒冷。在20℃以上的温度条件下，顶芽才能形成花芽而开花	因其叶色美观，主要用做绿篱，来装点环境	原产于南美洲
金丝梅	芒种花、云南连翘	*Hypericum patulum*	金丝桃科	半常绿灌木，高 1m。小枝拱曲，有棱，常带紫色。单叶对生，卵形至卵状披针形，全缘。花单生于枝端或成聚伞花序，花金黄色，雄蕊多数。蒴果卵形。花期 4~7 月，果期 7~10 月	性强健，喜温暖，较耐寒。喜光，略耐阴，忌积水，喜湿润。喜排水良好、湿润、肥沃的砂质壤土。耐修剪	做绿篱，可在草地边缘、花坛边缘、道路边列植，也可以用做花境	原产于我国中部、东南、西南等地
驳骨丹	鸭仔花、逼迫树	*Adhatoda ventricosa*	爵床科	常绿灌木，高 2.5m。叶对生，椭圆形，先端钝，全缘，基部渐狭而成短柄。穗状花序顶生，花冠二唇形，白色且有红色斑点，上唇 2 裂，下唇较大，短 3 裂；雄蕊 2 枚，着生于花冠喉部，突出。蒴果卵形或椭圆形，有毛	喜温暖，稍耐寒，喜阳光充足，较耐阴，喜湿润，忌涝。需排水良好的土壤	一般做绿篱，常用于公共绿化带、公园等处	我国常见分布于广东、广西等地
黄脉爵床	金叶木、金鸡腊	*Sanchezia speciosa*	爵床科	常绿小灌木，高 30~100cm。叶对生，亮绿色，卵圆形，先端稍尖，叶脉粗壮呈黄色条带。圆锥花序顶生，花管状，黄色，具红色苞片	喜温暖、湿润的环境，耐寒性不强。喜半阴，忌直射强光。喜疏松、肥沃、排水良好的砂质壤土	适宜在公共设施、公园、庭园等处做绿篱	我国广州、南京一带均有栽培

中文名	别名	学名	科名	形态特征	生物特征	园林应用	适应地区
青冈栎	铁橺	*Quercus glauca*	壳斗科	常绿乔木，高15~20m。叶互生，革质，长椭圆形，先端渐尖，基部近圆形或宽楔形，中部以上有锯齿。雌雄同株，雄花成下垂柔荑花序。雌花 2~4 朵簇生。壳斗杯形，包围坚果1/3~1/2，苞片合生成同心环带，坚果卵形或近球形	喜阳光充足、温暖和湿润的环境，稍耐阴。喜钙质土，常见分布于海拔1000~1500m 的石灰岩山地及酸性土上	做绿篱，可在庭园、游园等处列植	分布于长江流域等地
腊梅	蜡梅、黄梅花、香梅	*Chimonanthus praecox*	腊梅科	落叶或半常绿大灌木，最高可达 4~5m，丛生性。叶为单叶，对生，卵形，全缘，表面绿色而粗糙，背面白色而光滑。花单生于枝条两侧，黄色，有光泽，蜡质，具浓郁香味，内有紫红色条纹。瘦果。花期 11 月下旬至翌年 3 月，果熟期 8 月	喜光，能耐阴，较耐寒。耐旱性强，怕风、怕水涝。喜疏松、深厚、排水良好的中性或微酸性砂质壤土。发枝力强，耐修剪	我国特有的珍贵观赏花木，一般列植、群植配置于建筑物两侧和厅前、亭廊周围、窗前屋后、水畔、路旁等处	产于湖北、陕西等省，现各地有栽培
大叶米仔兰	大叶树兰	*Aglaia elliptifolia*	楝科	常绿灌木或小乔木。奇数羽状复叶；小叶具短柄，先端钝，基部楔形。圆锥花序腋出，花小型，黄色，萼片 5 枚，花瓣 5 枚，卵形，雄蕊 6 枚，子房 3 室。浆果。花期 6~7 月，果期 7~9 月	喜阳光，稍耐阴，喜温暖和湿润的环境，较耐旱	做行道树，也可做绿篱，美化公园和庭园	原产于我国台湾和菲律宾
小叶罗汉松	金钱松、径松	*Podocarpus chinensis*	罗汉松科	常绿大乔木，高 8~20m。叶密互生，广线形或线状披针形，革质，全缘，钝头。雌雄异株，雄花呈穗状，雌花独生于枝上，初为红色，成熟则花托肥大成肉质	树势强健，喜日照。不拘土质，在富含水分的黏重土壤生育良好。抗风力强，耐修剪	为园林造景常用材料，可列植于公园、景区等处	原产于中国南部等地
竹柏	罗汉柴、大果竹柏	*Podocarpus nagi*	罗汉松科	常绿乔木，可高达 20m。树冠广圆锥形，树干通直。叶卵形、卵状披针形或椭圆状披针形，厚革质具多数平行细脉，对生或近对生，排成两列。雌雄异株。种子球形，单生于叶腋，熟时紫黑色，有白粉。花期3~4 月，种子10月成熟	耐阴树种，气候温和、湿润之地生长较好，耐寒耐旱。对土壤要求较严，低洼积水不宜生长。不耐修剪	是优良的园林材料，可做绿篱，造景于路旁、池畔、围墙外等处	分布于我国广东、广西、湖南、浙江、福建、台湾、四川、江西等地

中文名	别名	学名	科名	形态特征	生物特征	园林应用	适应地区
黄荆	五指风、布荆	*Vitex negundo*	马鞭草科	落叶灌木或小乔木。小枝四棱形，掌状复叶对生。圆锥状聚伞花序，花萼钟状，顶端 5 齿裂，外面被灰白色茸毛；花冠淡紫色；子房卵圆形。核果近圆球形。花期 4~6 月，果期 8~10 月	喜高温，生育适温为 22~32℃。耐旱、抗风。耐贫瘠，不限制土质，但以砂质壤土最佳	是优良的绿篱材料，可应用于绿化带、公园、庭园之中	分布于我国长江流域以南各省区
牡丹	鹿韭、白术、木芍药	*Paeonia suffruticosa*	毛茛科	落叶灌木，高 1~2m。叶互生，2 回三出复叶，顶生小叶长达 10cm，3 裂，无毛。花大，单生于枝顶；萼片 5 枚，绿色；花瓣 5 枚，常为重瓣，白色、红紫色或黄色；雄蕊多数；心皮 5 枚，离生。蓇葖果，密生褐黄色毛	喜光，稍遮阴生长最好。较耐寒，喜凉爽，畏炎热。在黏重、积水或排水不良处易烂根以至死亡。较耐碱，在 pH 值为 8 时仍可正常生长。根系发达，肉质肥大，生长缓慢	是一种常见的园林应用材料，可做绿篱和花篱，列植于墙边、水边、径旁	原产于中国西部及北部，栽培历史很悠久
千头木麻黄	番麻黄	*Casuarina nana*	木麻黄科	小灌木。分枝多，纤细。叶退化成鞘状，5 齿裂，围绕在小枝的节上。雄花序穗状，雄蕊 1 枚，外具 4 片苞片；雌花序头状，雌花具 1 片苞片及 2 片小苞片。瘦果，集生成球果状	耐修剪，喜光和炎热气候，耐盐碱，耐瘠薄，耐干旱，也耐潮湿	为绿篱的理想材料，常在路旁、绿化带等处有栽培	原产于大洋洲
卵叶连翘	朝鲜连翘	*Forsythia ovata*	木犀科	落叶灌木，高 1.5m。叶对生，卵圆形或宽卵圆形，突尖，基部截形或圆形，有锯齿或近全缘。花单生，萼片宽卵形，花冠琥珀黄色，长花丝很短。蒴果，卵形或椭圆状卵形	喜光、耐半阴、耐寒、耐旱。对土壤要求不严，耐瘠薄，喜土层深厚，忌积水。抗烟尘及有毒气体	可列植于风景林、公园、庭园、街道等处	原产于朝鲜
茉莉花	抹厉	*Jasminum sambac*	木犀科	常绿灌木。叶对生，宽卵形，全缘，质薄有光泽。聚伞花序顶生或腋生，花萼杯形，裂片线形，花冠白色，冠筒长 5~10mm，5 裂片；子房上位，2 室。浆果。花期 5~10 月	喜光，稍耐阴，喜温暖、湿润的气候，畏寒、怕旱。喜肥沃和排水良好的酸性土，不耐湿涝和盐碱	是优良的庭园、园林、道路的美化材料，可做绿篱和花篱	产于印度、伊朗及阿拉伯半岛

中文名	别名	学名	科名	形态特征	生物特征	园林应用	适应地区
小叶女贞	米叶冬青	*Ligustrum quihoui*	木犀科	落叶或半常绿灌木。叶薄革质，椭圆形至倒卵状长圆形，全缘，边缘略向外反卷。圆锥花絮，花白色，芳香，无梗，花冠裂片与筒部等长。核果椭圆形，紫黑色。花期7~8月，果期10~11月	性强健，喜光，稍耐阴，喜温暖，较耐寒。萌枝力强，耐修剪。对有毒气体抗性强	为良好的绿篱材料	分布于我国华北、华中和西南地区
玉叶金花	白纸扇	*Mussaenda pubescens*	茜草科	藤状小灌木。小枝蔓延，初时被柔毛。叶对生，卵状矩圆形，全缘。伞房花序，顶生；萼被毛，其中4枚线形，另1枚扩大为叶状，呈阔卵形至长圆形，白色，有柄；花冠黄色，漏斗状，裂片5枚。浆果球形	喜温暖，不耐寒。喜湿润的环境及酸性土壤	为一种较为新奇的植物，可做绿篱和花篱，装点庭园和公园	分布于我国长江以南各省区
垂丝海棠	海棠	*Malus halliana*	蔷薇科	落叶乔木。叶片卵形、椭圆形至椭圆状卵形，边缘锯齿钝。伞房花序有花4~7朵，花柄紫色，花粉红色，萼筒紫红色。梨果倒卵形。花期3~4月，果期9~10月	喜温暖、湿润的环境，不甚耐寒。对土壤的适应性较强，喜深厚、肥沃的土壤，不耐湿涝	是著名的庭园观赏花木，宜列植于院前、亭边、墙旁、河畔等处	产于我国江苏、浙江、安徽、陕西、四川、云南等省，各地广泛栽培
多花蔷薇	野蔷薇	*Rosa multiflora*	蔷薇科	落叶灌木，高2m。茎细长，直立或上升，有皮刺。羽状复叶，边缘具锐锯齿，两面有毛，托叶明显。圆锥状伞房花序，花多朵，排列密集，白色或略带粉红晕，单瓣或半重瓣，芳香，花后反折。蔷薇果。花期5~7月，果期10月	性强健，喜光，耐半阴，耐寒，耐瘠薄。对土壤要求不严，在黏重土中也可正常生长，但怕湿涝	做绿篱和花篱，也可作基础种植	产于我国华北、华中、华东、华南及西南地区
珍珠梅	华北珍珠梅、吉氏珍珠梅	*Sorbaria kirilowii*	蔷薇科	落叶灌木，高2~3m。奇数羽状复叶，两面无毛；托叶线状披针形。圆锥花序，花直径6~7mm，花丝不等长，与花瓣等长或稍短；子房无毛。蓇葖果。花期5~7月，果期8~9月	喜光，耐阴性强，耐寒。不择土壤，喜湿润、肥沃的土壤。萌蘖性强，生长较快，耐修剪	可在各类园林绿地中栽植，特别是在建筑物北侧阴蔽处做绿篱，效果尤佳	产于我国河北、山西、山东、河南、内蒙古等省区

中文名	别名	学名	科名	形态特征	生物特征	园林应用	适应地区
东北珍珠梅	山高粮、高楷子、花楸珍珠梅	*Sorbaria sorbifolia*	蔷薇科	落叶灌木，高达 2m。奇数羽状复叶，小叶对生，披针形或卵状披针形。圆锥花序顶生、长 10~20cm，花小，白色，雄蕊比花瓣长。蓇葖果	对环境适应性强，喜阳光充足，喜湿润的环境，耐阴，耐寒。喜肥沃、湿润的土壤，生长较快，萌发力强，耐修剪	可在草坪边缘或水边、房前、路旁等处做绿篱	分布在中国、俄罗斯、蒙古、朝鲜等国
番茉莉	鸳鸯茉莉、双色茉莉	*Brunfelsia acuminata*	茄科	常绿灌木，高 70~150cm。茎深褐色。叶互生，长披针形，纸质，叶缘略波皱。花单生或 2~3 朵簇生于叶腋，花冠高脚碟状，5 裂，初开时蓝色，后转为白色，芳香。花期 5~6 月，果期 10~11 月	喜高温、湿润、光照充足的环境，生长适温为 18~30℃。可耐半阴、干旱和瘠薄土壤，但怕涝，畏寒冷，不耐盐碱	适宜在庭园、楼宇、公园等地造景做绿篱和花篱	原产于美洲热带地区
瓶子花	紫夜香花	*Cestrum purpureum*	茄科	常绿灌木。分枝下垂。叶薄，互生，卵状披针形，先端短尖，边缘波浪形。伞房花序，腋生或顶生，花紫红色，稠密，花冠狭长管状。浆果。花期 7~10 月，果熟期翌年 4~5 月	喜温暖、向阳和通风良好的生长环境，不耐寒冷。不择土壤，但喜疏松、肥沃的壤土	适宜布置庭园、塘边、路旁等处作绿篱美化	我国南方各地普遍栽培
夜来香	夜香树、夜丁香	*Cestrum nocturnum*	茄科	常绿灌木。枝初直立，后俯垂，小枝具棱。单叶互生。花序顶生或腋生，具多花，白绿色或淡黄绿色，夜间极香，花冠管状，裂片 5 枚，近直立或稍张开。浆果。花期 5~9 月	喜温暖、湿润和向阳通风的环境，适应性强，但不耐寒，冬季温度不低于 5℃。要求肥沃、疏松和微酸性的土壤	常见的园林应用材料，可用于庭园、小区绿化带、办公场所造景	我国南方各地普遍栽培
枸桔	枸杞	*Lycium chinensis*	茄科	落叶或半常绿灌木，高 2m。具长约 1cm 枝刺。叶互生，在短枝上簇生，纸质，卵形至卵状披针形。花常 1~4 朵簇生于叶腋，花冠淡紫色，漏斗状。浆果卵形或椭圆形。花期 5~10 月，果期 6~11 月	喜阳光，也能耐阴，喜温暖，也较耐寒。对土壤要求不严，但喜排水良好的石灰质沙壤土。耐旱，也较耐盐碱	适宜做绿篱材料，可用来美化庭园、池畔、道路、校园	原产于我国华北、西北地区，现各地均有分布

中文名	别名	学名	科名	形态特征	生物特征	园林应用	适应地区
大花六道木		*Abelia grandiflora*	忍冬科	半常绿灌木，高达2m。叶卵形至卵状椭圆形，缘有疏齿。花冠白色或略带红晕，钟形；花萼2~5枚，多少合生，粉红色；雄蕊通常不伸出。花期通常7月至晚秋	喜温暖、湿润的环境，生长适温为10~28℃，耐旱，不耐涝。喜中性偏酸性的土壤。根系发达，萌芽力很强	园林用途广泛，适宜丛植、片植，也可列植于道路两旁，还可做花篱	我国中部和西南部地区均可栽培
接骨木	公道老、扦扦活	*Sambucus williamsii*	忍冬科	落叶灌木或小乔木，高达8m。奇数羽状复叶，小叶对生，边缘有锯齿，揉碎有异味；叶柄基部比小枝节部稍膨大，并呈紫黑色。圆锥状聚伞花序，顶生，花小，白色至淡黄色。核果浆果状。花期6~7月	喜阳光充足或半阴的环境，较耐寒，耐旱，怕水涝。抗污染性强	常于水边、林缘、路旁和草坪边缘列植做绿篱	分布于我国东北至南岭以北，西至甘肃、四川和云南等地
暖木条荚迷	暖木条子、修枝荚	*Viburnum burejaeticum*	忍冬科	落叶灌木，高达5m。叶片卵形至椭圆形，边缘锯齿。聚伞花序顶生，花序径4~5cm，花冠筒钟状，白色。浆果状核果	喜光、稍耐阴、耐寒。喜肥沃的土壤。生长快，耐修剪。根系发达、耐移植	可于林缘、公园绿地、庭园、水边或房前屋后做绿篱	原产于我国东北、华北地区和内蒙古
粗榧		*Cephalotaxus sinensis*	三尖杉科	灌木或小乔木，高达12m。叶条形，通常直，很少微弯，先端渐尖或微凸尖，基部近圆或宽楔形，质地较厚。种子卵圆形、椭圆状卵圆形或近球形，顶端中央有尖头。花期3~4月，种子成熟期10~11月	阴性树，耐阴，较耐寒。喜生于含有机质的壤土中，抗病虫害能力强。生长缓慢，但有较强的萌芽力，耐修剪，但不耐移植	园林中常用作造景材料，可做绿篱	我国特有的树种，产于长江流域以南地区
橡胶榕	印度橡皮树、缅树	*Ficus elastica*	桑科	常绿乔木，高可达20m。全株无毛，具乳汁。单叶互生，椭圆形或长椭圆形，全缘，厚革质，叶面深绿，光亮具腊质，叶背淡绿色；托叶红褐色，新叶展开后脱落，留有托叶痕。雌雄同株，花细小、白色、单性花	喜光，也能耐阴。喜温暖、湿润的环境，不耐寒冷。适温为20~25℃，冬季温度低于5~8℃时易受冻害	是一种较为常见的园林美化树种，可做绿篱	原产于印度、缅甸以及斯里兰卡

中文名	别名	学名	科名	形态特征	生物特征	园林应用	适应地区
榕树	正榕	*Ficus microcarpa*	桑科	常绿乔木。有白色乳汁，有气生根，多而下垂。叶革质，深绿色，卵形，全缘，基部出脉3条，侧脉5~6对。隐花果，生于叶腋，近扁球形	性强健，喜阳光充足、湿润的环境。耐潮，耐旱，耐贫瘠、耐修剪	应用广泛，可做行道树、绿篱等，配置在公园、庭园和校园	我国分布在浙江南部和江西以南各地
油茶	油茶树	*Camellia oleifera*	山茶科	灌木或小乔木，高达7m。叶革质。花白色，顶生，单生或并生；花瓣5~7枚，分离，倒卵形至披针形，多数深2裂。蒴果。花期9~11月，果期翌年10月	喜温暖、湿润的环境，喜光，幼年期较耐阴。对土壤要求不严，较耐瘠薄，但喜深厚、排水良好的砂质壤土	做花篱和绿篱、列植、丛植均可	我国长江流域及以南各省区都有栽培
细叶柃	柃木、海岸柃	*Eurya japonica*	山茶科	灌木，高1~3m。幼枝具纵棱。叶椭圆形或长圆状披针形，边缘具钝锯齿。花1~2朵生于叶腋，花小，白色。浆果圆球形，黑色。花期2~3月，果期9~10月	喜光照充足、温暖、湿润的环境及肥沃的土壤	可于绿篱或草地边缘种植	产于我国浙江、台湾等地
雪松	喜马拉雅山雪松	*Cedrus deodara*	松科	常绿乔木。树冠圆锥形。叶针状，灰绿色，宽与厚相等，各面有数条气孔线。雌雄异株，少数同株，雄球花椭圆状卵形，长2~3cm；雌球花卵圆形，长约0.8cm。球果椭圆状卵形，顶端圆钝，成熟时红褐色。花期10~11月，球果翌年9~10月成熟	喜光，稍耐阴，喜温暖、湿润的环境，耐寒，抗旱性强。可生长于各类土壤，肥沃、土层深厚、黏重黄土、瘠薄、中性、微酸性、微碱性土壤均可适应，但畏积水	世界各地常见的园林应用树种，可种植于路旁、墙边、水边等各处	现长江流域各大城市中多有栽培
黑松	白芽松、海风松	*Pinus thunbergii*	松科	乔木，高达30m。胸径可达2m，树冠圆锥状或伞形。针叶2针一束，暗绿色，有光泽，粗硬。雄球花淡红褐色，聚生于新枝下部；雌球花单生或2~3聚生于新枝近顶端，淡紫红色或褐红色。球果成熟时褐色。花期4~5月，种子翌年10月成熟	喜光，不耐阴，耐旱、耐瘠。对温度的适应性强，能耐40℃的高温和-20℃的低温。对土壤要求不严	可用于防护林带及风景林、行道树或庭阴树，也可做绿篱	我国辽宁、江苏、山东沿海及南京、上海、武汉、杭州等地均有引种栽培

中文名	别名	学名	科名	形态特征	生物特征	园林应用	适应地区
云实	马豆、水皂角	*Caesalpinia sepiaria*	苏木科	攀援灌木。树皮暗红色。枝密被柔毛和散生钩刺。2回羽状复叶，有叶片6~20片。总状花序顶生，花瓣5枚，黄色，膜质。荚果长椭圆状舌形，种子6~9颗，棕色。花期4~5月，果期8~9月	阳性偏阴树种，适应性较强，喜温暖、湿润的环境，不甚耐寒。对土壤要求不严，耐瘠薄。萌蘖力强	在庭园、公园、公共绿化带常做花篱和绿篱	广泛分布于亚洲热带地区，我国分布于长江以南各省区
棱荚槐	黄花决明、翅荚决明	*Cassia alata*	苏木科	灌木，高达3m。偶数羽状复叶。总状花序顶生和腋生，花瓣黄色，有紫色脉纹；雄蕊10枚。荚果带形，在每一果瓣的中央有直贯的纸质翅，翅缘有圆钝齿。花期7月至翌年1月，果期10月至翌年3月	喜阳光充足，在阴蔽处生育不良。喜温暖至高温，生育适温为23~30℃，不耐寒，不耐湿涝	是热带地区理想的绿篱和花篱材料，可造景于公园径旁、公路绿化带、围栏等处	我国广东、云南、台湾等地有栽培
赤楠蒲桃	赤楠	*Syzygium buxifolium*	桃金娘科	灌木或小乔木。小枝四方形。叶革质，对生，倒卵形或阔卵形。聚伞花序，花白色，花瓣4枚，分离；雄蕊多数。浆果圆形。花期4~5月，果期10~11月	生长较缓慢，喜温暖、湿润的环境，较耐湿，不耐严寒，喜阳，耐阴。喜酸性土壤	常见的园林造景材料，主要配置于庭园、生活小区、办公区绿化，也可做绿篱	湖北、湖南、江西、浙江、安徽、福建、广东、广西、贵州等地
卫茅	鬼箭羽、四棱树	*Euonymus alatus*	卫茅科	落叶灌木，高达3m。单叶对生，倒卵状，基部楔形。花淡黄绿色，3~9朵成腋生聚伞花序。蒴果椭圆形，带紫色。花期5~6月，果熟期8~10月	适应性强，喜光，也耐阴。耐寒，耐干旱和瘠薄，对土壤的要求不高，在酸性、中性土壤中均能良好生长。萌芽力强，耐修剪	适合做绿篱	分布于我国东北南部和华北地区
五加	细柱五加	*Acanthopanax gracilistylus*	五加科	灌木。叶在长枝上互生，在短枝上簇生；掌状复叶具5片小叶，稀为3片小叶。伞形花序，单生或2个并生，腋生或顶生。果扁球形，黑色。花期4~8月，果期8~10月	喜温暖、湿润的环境，耐寒，耐阴。常生于山野阴坡林下。喜肥沃而排水良好的疏松壤土	可做绿篱，用来装饰庭园、游园、景区、校园等处，十分美观	分布于北京、河南、河北、山西、山东及其以南各地

中文名	别名	学名	科名	形态特征	生物特征	园林应用	适应地区
阔叶十大功劳	八角刺、刺黄柏、黄天竹	*Mahonia bealei*	小檗科	常绿灌木，高达 4m。奇数羽状复叶互生，小叶 7~15 片，先端渐尖成刺齿，每侧有 2~7 个大刺齿。总状花序，丛生于枝顶，花黄色，有香气。浆果卵圆形。花期7~10月，果期 10~11 月	适应性强，喜温暖、湿润的环境，有一定的耐寒能力，尤耐阴湿。萌蘖性强，耐修剪	可做绿篱或刺篱，宜在花篱旁或在疏林缘列植	原产于我国的陕西、河南、安徽、浙江、江西、福建、湖北、四川、贵州、广东等省
杨梅	珠红	*Myrica rubra*	杨梅科	常绿小乔木，可高达 12m。树冠圆球形。幼枝、叶背具黄色小油腺点；单叶互生，厚革质，倒披针形或矩圆卵形。雌雄异株，雄花序圆柱形，雌花序长圆卵状。核果球形。花期 3~4 月，果熟期 6~7 月	喜光照足，稍耐阴，喜温暖、湿润的环境，不甚耐寒。萌芽力强	是园林绿化结合生产的优良树种。可做绿篱，列植于路边，也可采用密植方式用来分隔空间	产于长江以南各省区，以浙江栽培最多
南天竺	天竺、兰竹	*Nandina domestica*	小檗科	常绿灌木。2~3 回羽状复叶，总叶柄有小节，基部有包茎鞘，小叶全缘，近无柄。圆锥花序，顶生，花白色。浆果圆球状。花期 5~7 月，果期 10~11 月	喜温暖至凉爽的气候，不耐寒，喜阳光和湿润，可耐半阴	植株美观，可做绿篱和果篱	我国分布于江苏、浙江、安徽、江西、湖北、四川、陕西、河北、山东等省
月桂树	月桂、香叶子	*Laurus nobilis*	樟科	常绿小乔木或大灌木，高达 12m。单叶互生，革质，长椭圆形至广披针形，端渐尖全缘，揉碎有香味。雌雄异株，花黄色，核果椭圆状球形，熟时暗紫色。花期 4 月，果熟期 9~10 月	喜温暖、湿润的环境，喜光，也较耐阴，稍耐寒。耐干旱，怕水涝，不耐盐碱。萌生力强，耐修剪	可做绿篱，用于公园绿化、道路绿化、居住区和建筑物前绿化	我国长江流域以南地区，如江苏、浙江、台湾、福建等地多有栽培

中文名索引

参考文献

[1] 赵家荣，秦八一. 水生观赏植物［M］. 北京：化学工业出版社，2003.

[2] 赵家荣. 水生花卉［M］. 北京：中国林业出版社，2002.

[3] 陈俊愉，程绪珂. 中国花经［M］. 上海：上海文化出版社，1990.

[4] 李尚志，等. 现代水生花卉［M］. 广州：广东科学技术出版社，2003.

[5] 李尚志. 观赏水草［M］. 北京：中国林业出版社，2002.

[6] 余树勋，吴应祥. 花卉词典［M］. 北京：中国农业出版社，1996.

[7] 刘少宗. 园林植物造景：习见园林植物［M］. 天津：天津大学出版社，2003.

[8] 卢圣，侯芳梅. 风景园林观赏园艺系列丛书——植物造景［M］. 北京：气象出版社，2004.

[9] 简·古蒂埃. 室内观赏植物图典［M］. 福州：福建科学技术出版社，2002.

[10] 王明荣. 中国北方园林树木［M］. 上海：上海文化出版社，2004.

[11] 克里斯托弗·布里克尔. 世界园林植物与花卉百科全书［M］. 郑州：河南科学技术出版社，2005.

[12] 刘建秀. 草坪·地被植物·观赏草［M］. 南京：东南大学出版社，2001.

[13] 韦三立. 芳香花卉［M］. 北京：中国农业出版社，2004.

[14] 孙可群，张应麟，龙雅宜，等. 花卉及观赏树木栽培手册［M］. 北京：中国林业出版社，1985.

[15] 王意成，王翔，姚欣梅. 药用·食用·香用花卉［M］. 南京：江苏科学技术出版社，2002.

[16] 金波. 常用花卉图谱［M］. 北京：中国农业出版社，1998.

[17] 熊济华，唐岱. 藤蔓花卉［M］. 北京：中国林业出版社，2000.

[18] 韦三立. 攀援花卉［M］. 北京：中国农业出版社，2004.

[19] 臧德奎. 攀援植物造景艺术［M］. 北京：中国林业出版社，2002.